JN040486

できる ポケット

アクセス

Access

2019
/2016/2013

&

Microsoft
365 対応

基本
&
活用
マスターブック

広野忠敏 & できるシリーズ編集部

インプレス

できるシリーズは読者サービスが充実！

できるサポート

本書購入のお客様なら無料です！

わからない？
操作が解決

書籍で解説している内容について、電話などで質問を受け付けています。無料で利用できるので、分からないことがあっても安心です。

詳しい情報は **254ページへ**

ご利用は3ステップで完了！

ステップ1
書籍サポート番号
のご確認

ステップ2
ご質問に関する
情報の準備

ステップ3
できるサポート
電話窓口へ

チェック！

対象書籍の裏表紙にある6けたの「書籍サポート番号」をご確認ください。

チェック！

あらかじめ、問い合わせたい紙面のページ番号と手順番号などをご確認ください。

●電話番号（全国共通）

0570-000-078

※月〜金 10:00 〜18:00
土・日・祝休み

※通話料はお客様負担となります

以下の方法でも受付中！

▼

インターネット

FAX

封書

できるネット
解説動画

操作を見て すぐに理解

一部のワザで解説している操作を動画で確認できます。画面の動きがそのまま見られるので、より理解が深まります。動画を見るには紙面のQRコードをスマートフォンで読み取るか、以下のURLから表示できます。

本書籍の動画一覧ページ
https://dekiru.net/access2019p

スマホで見る！

▶ 操作を動画でチェック！

42 | できる

データベースが持つ 3大メリットを知ろう!

その1

1つのデータをさまざまな形で活用できる

データベースのメリットは、さまざまな形式のデータを蓄え、さまざまな形で活用できることです。例えば、取引先や住所録のデータから、日付や文字列などの条件で必要なデータだけを瞬時に集計・抽出できます。

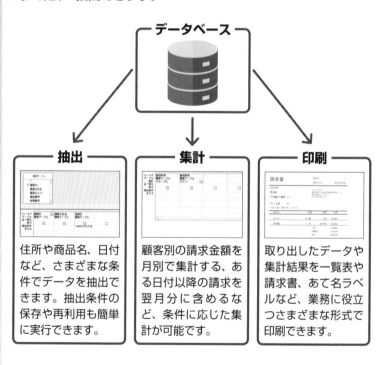

データベース

抽出

住所や商品名、日付など、さまざまな条件でデータを抽出できます。抽出条件の保存や再利用も簡単に実行できます。

集計

顧客別の請求金額を月別で集計する、ある日付以降の請求を翌月分に含めるなど、条件に応じた集計が可能です。

印刷

取り出したデータや集計結果を一覧表や請求書、あて名ラベルなど、業務に役立つさまざまな形式で印刷できます。

データ入力の効率がアップ！

表形式の場合、項目が多いと
入力しにくいだけではなく、
入力ミスも発生しやすくなり
ます。Accessのフォームで
実際の帳票に似た入力画面を
作成すれば、誰もが効率よく
データを入力できるようにな
ります。

入力用の画面を用意でき、効率よく
データを入力できる

管理や拡張が容易

Accessには、リレーションシップと呼ばれるデータ同士を関連
付けする機能があります。この機能を使えば、もともとのデー
タにまったく手を加えることなく、データそのものを簡単に拡張
できます。

●顧客管理のデータに売り上げのデータを加える場合

変更前	変更後	
顧客管理データ	顧客管理データ	請求管理データ

作成済みのデータに新しい
データを関連付けるだけ

📖 本書の読み方

レッスン

見開き完結を基本に、やりたいことを簡潔に解説しています。
各レッスンには、操作の目的を記すレッスンタイトルと機能名で引けるサブタイトルが付いているので、すぐ調べられます。

練習用ファイル

手順をすぐに試せる練習用
ファイルをレッスンごとに用
意しています。

ショートカットキー

知っておくと何かと便利。
キーボードを押すだけで簡
単に操作できます。

左ページのつめでは、章タ
イトルでページを探せます。

Hint!

レッスンに関連したさまざ
まな機能や一歩進んだテク
ニックを紹介しています。

レッスン
36

フォームの編集画面を表示するには

フォームのデザインビュー

このレッスンからは、レッスン35で作成したフォームを編集していきます。フォームを編集するにはデザインビューを使います。

📁 練習用ファイル　フォームのデザインビュー .accdb
⌨ ショートカットキー　Ctrl + Shift ……上書き保存

1 デザインビューを表示する

第4章　フォームからデータを入力する

レッスン34を参考に［顧客入力フォーム］をレイアウトビューで表示しておく

フォームのレイアウトを変更するため、フォームをデザインビューで表示する

1 ［ホーム］タブをクリック

2 ［表示］をクリック

3 ［デザインビュー］をクリック

［フォーム ビュー(F)］
［レイアウト ビュー(Y)］
［デザイン ビュー(D)］

顧客テーブル

顧客ID

✿ Hint!

ビューによってリボンのタブが変化する

リボンに表示されるタブは、ビューごとに切り替わります。デザインビューに切り替えると、［フォームデザインツール］が表示され、［デザイン］［配置］［書式］の3つのタブが表示されます。

［フォームデザインツール］では
3つのタブが表示される

フォーム デザイン ツール

デザイン　配置　書式

116 | できる

手順

必要な手順を、すべての
画面と操作を掲載して解説

2 デザインビューが表示された

[顧客入力フォーム]がデザインビューで表示された

[顧客入力フォーム]を
閉じる

1 [顧客入力フォーム'を
閉じる]をクリック

×

手順見出し

おおまかな操作の流れが理
解できます。

解説

操作の前提や意味、操作結
果に関して解説しています。

操作説明

「○○をクリック」など、それ
ぞれの手順での実際の操作で
す。番号順に操作してください。

▶ このレッスンは
動画で見られます **操作を動画でチェック！▶▶▶**
※詳しくは2ページへ

2 デザインビューが表示された

[顧客入力フォーム]がデザインビューで表示された

[顧客入力フォーム]を
閉じる

1 [顧客入力フォーム'を
閉じる]をクリック

×

36

フォームのデザインビュー

⚠ **間違った場合は?**
デザインビュー以外のビューを選択してしまった場合は、手順1の操作1に
戻ってもう一度デザインビューを選択しましょう。

Point　デザインビューでフォームを編集する

これまでのレッスンでは、フォームをフォームビューで表示して
テーブルにデータを入力する方法を紹介しました。このレッスンで
は、フォームを編集するためのデザインビューを表示する方法を解
説しています。フォームをデザインビューで表示すると、画面にマ
ス目が表示されます。デザインビューでは、このマス目を目安に
フィールドの入力欄やラベルを自由に動かし、配置を変更できます。

動画で見る

レッスンで解説している操
作を動画で見られます。詳
しくは2ページを参照してく
ださい。

右ページのつめでは、知りた
い機能でページを探せます。

間違った場合は?

間違った操作の対処法を解
説しています。

Point

各レッスンの末尾で操作の
要点を丁寧に解説。レッス
ン内容をより深く理解でき
ます。

※ここに掲載している紙面はイメー
ジです。実際のレッスンページとは
異なります。

できる | 117

目 次

第1章　Accessを使い始める　　　15

練習用ファイルについて

本書で使用する練習用ファイルは、弊社Webサイトからダウンロードできます。
練習用ファイルと書籍を併用することで、より理解が深まります。

▼練習用ファイルのダウンロードページ
https://book.impress.co.jp/books/1120101141

●本書に掲載されている情報について

・本書で紹介する操作はすべて、2020年3月現在の情報です。

・本書では、「Windows 10」に「Office Professional 2019」がインストールされているパソコンで、インターネットに常時接続されている環境を前提に画面を再現しています。他のバージョンのAccessの場合は、お使いの環境と画面解像度が異なることもありますが、基本的に同じ要領で進めることができます。

・本書は2020年3月発刊の「できるAccess 2019 Office 2019/Office 365両対応」の一部を再編集し構成しています。重複する内容があることを、あらかじめご了承ください。

Accessを
使い始める

本書では、Accessの基本となる操作について紹介していきます。この章では、Accessを使ってできることや、データベースの仕組みなどについて説明します。

Accessとは

Accessを使ってできること

Accessはデータベースソフトと呼ばれるジャンルのソフトウェアです。このレッスンでは、Accessを使うとどういうことができるのかを紹介します。

Accessならさまざまな業務に対応できる

パソコンを業務で使うことを考えてみましょう。パソコンを使ってあて名書きや財務会計処理、販売管理などの処理をしたいときは、専用のソフトウェアやクラウドサービスを使うのが一般的です。Accessには、さまざまなデータを扱う機能があるため、専用のソフトウェアやクラウドサービスを購入しなくても、いろいろな業務に対応できます。

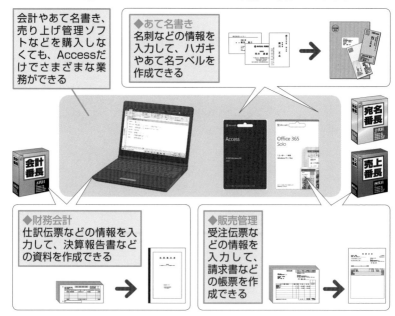

会計やあて名書き、売り上げ管理ソフトなどを購入しなくても、Accessだけでさまざまな業務ができる

◆あて名書き
名刺などの情報を入力して、ハガキやあて名ラベルを作成できる

◆財務会計
仕訳伝票などの情報を入力して、決算報告書などの資料を作成できる

◆販売管理
受注伝票などの情報を入力して、請求書などの帳票を作成できる

Accessはデータベースソフト

データベースソフトとは、さまざまなジャンルのデータを蓄えて、データの抽出、集計、印刷を行うためのソフトウェアです。以下の例を見てください。Accessでは、名前や電話番号、住所、売り上げなどの膨大なデータを蓄積し、目的に応じて特定の住所や顧客情報、条件に基づいた売上金額などを瞬時に取り出せます。抽出・集計したデータから請求書や売上伝票、あて名ラベルを作成することもできます。このように、1つのソフトウェアでさまざまな業務や目的に対応できるのがデータベースソフトの最も大きな特長です。

●データの蓄積と管理

 →

●データの抽出・集計

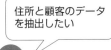

住所と顧客のデータを抽出したい

→

顧客数を都道府県別に集計したい

●データの印刷

 →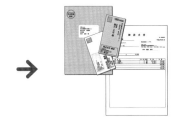

データベースとは

データベースの特長

データベースの役割は、データを蓄えて活用することです。手作業でのデータの管理方法とパソコンを使ったデータの管理方法の違いを見てみましょう。

パソコンを使わないデータベース

パソコンのデータベースがどのようなものなのかを知る前に、パソコンを使わないでデータを管理する方法を見てみましょう。例えば、パソコンを使わずに名刺を管理するには、「名刺を集める」「集めた名刺を保管する」「必要な名刺を探す」「名刺からあて名や帳票を作成する」といったことを手作業で行う必要があります。手作業はミスが起きやすく、作業に非常に時間がかかるといったデメリットがあります。

Accessのデータベース

データの管理にAccessを使うと、今まで手作業で行っていたことをすべてパソコンで実行できます。名刺などのデータを入力した後で、入力したデータを抽出したり、いろいろな形式で印刷したりすることができます。そのため、手作業で行うよりも効率よく、さまざまなデータを管理できるようになります。

Point データベースの仕組みを理解しよう

データベースは、データを蓄える箱のようなものです。例えば、名刺を管理するツールとして名刺入れがあります。名刺入れは名刺（データ）を蓄えることができ、五十音順で並べて整理もできます。必要な名刺を抜き出して、あて名を書くなど別の用途でも使えます。これも立派なデータベースといえます。名刺入れのような役割を果たすのが、パソコンのデータベースです。データベースソフトでは、さまざまなデータを取り扱えるほか、素早くデータを抽出して、抽出したデータをいろいろな形式で印刷できます。

データベースファイルとは

データベースの概要と作成の流れ

ここでは、データベースファイルの機能と役割、基本編で作成するデータベースの内容を紹介します。それぞれの機能とデータベース作成の流れを確認してください。

データベースファイルの機能

データベースファイルには、データの蓄積だけでなく、検索や抽出などの機能も含まれています。データを蓄えるテーブル、データを入力するためのフォーム、データを抽出するためのクエリ、データを印刷するためのレポートの4つがデータベースファイルの最も基本的な機能です。なお、Accessでは、データベースファイルに含まれている機能をデータベースオブジェクトまたは、オブジェクトと呼びます。詳しくは、この後のレッスンで解説していくので、まずは基本的な4つの役割を覚えておきましょう。

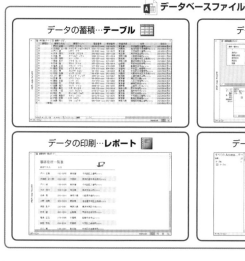

🅰 データベースファイル

データの蓄積…**テーブル**

データの抽出…**クエリ**

データの印刷…**レポート**

データの入力…**フォーム**

基本編のデータベース作成の流れ

第2章から第5章では、氏名や住所といった顧客情報を管理するシンプルなデータベースを作成します。まず、テーブルを作成してデータの入力や編集がしやすいようにテーブルの設定を行います。次にデータを抽出するためのクエリを作成します。クエリとは、特定の条件でデータを取り出したり、編集や並べ替えをしたりするための機能のことです。さらにテーブルにデータを入力しやすくなるように、フォームを作成し、レポートの機能を利用して顧客の住所一覧表を印刷します。実際にデータベースを作り始める前に、データベース作成の流れを確認しておきましょう。

データを保管するためのテーブルを作成
データの入力や編集がしやすいようにテーブルの設定を行う
→ 第2章

データを抽出するためのクエリを作成
指定した抽出条件での操作や並べ替え、集計などを行う
→ 第3章

データを入力するためのフォームを作成
テーブルにデータを効率よく入力するために、専用の入力画面を作成する
→ 第4章

一覧表を印刷するためのレポートを作成
抽出・集計したデータをさまざまな形式で印刷する → 第5章

Accessを使うには

起動、終了

Accessを使って実際にデータベースを作る前に、Access
の起動方法と終了方法を覚えておきましょう。Accessが起
動し、手順4の画面が表示されたら準備が完了します。

🔲 ショートカットキー ⊞ ／ Ctrl + Esc …… スタート画面の表示
　　　　　　　　　　Alt + F4 ………………アプリの終了

Accessの起動

1 Accessを起動する

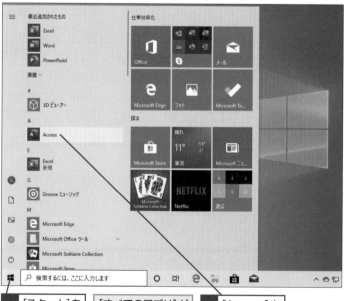

| 1 [スタート]を
クリック | [すべてのアプリ]が
表示された | 2 [Access]を
クリック |

🔆 Hint!

Accessをデスクトップから起動できるようにするには

タスクバーにAccessのボタンを表示しておくと、デスクトップから素早く
Accessを起動できます。頻繁にAccessを使いたいときに便利なので覚え
ておきましょう。

[すべてのアプリ]を表示しておく

1 [Access]を右クリック

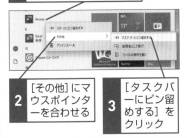

タスクバーにAccessの
ボタンが表示された

2 [その他]にマ
ウスポインタ
ーを合わせる

3 [タスクバ
ーにピン留
めする]を
クリック

ボタンをクリックして
Accessを起動できる

2 Accessが起動した

Accessが起動し、
Accessのスター
ト画面が表示され
た

スタート画面に
表示される背景
画像は、環境に
よって異なる

タスクバーに
Accessのボ
タンが表示さ
れた

次のページに続く

Accessの終了

3 Accessを終了する

| Accessを終了する | 1 [閉じる]をクリック | ✕ |

4 Accessが終了した

Accessが終了し、デスクトップが表示された

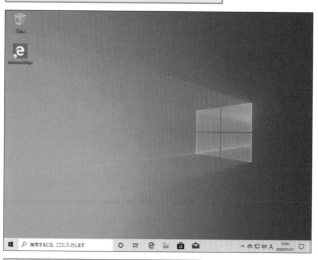

タスクバーからAccessのボタンが消えた

☼ Hint!

Microsoftアカウントを使うと何ができるの?

Microsoftアカウントとは、マイクロソフトがインターネットで提供するさまざまなサービスを使うためのアカウントのことです。それらのサービスの中にはOneDriveと呼ばれるクラウドストレージサービスがあります。AccessではOneDriveにデータベースファイルを保存したり、OneDriveに保存したデータベースファイルを読み込んで作業したりすることができます。本書では、MicrosoftアカウントでOfficeにサインインした環境での操作を紹介していきます。

☼ Hint!

Accessを検索して起動するには

[スタート]メニューやスタート画面にAccessが見つからないときは、検索を実行しましょう。Windows 10では検索ボックスに「Access」と入力すると、Accessの検索と起動ができます。

1 検索ボックスに「Access」と入力

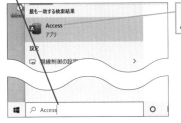

[Access]をクリックすると、Accessを起動できる

Point Accessの起動と終了を覚えよう

Accessなどパソコンのソフトウェアは使う前に起動する必要があります。また、使い終わったら終了しなければなりません。Windows 10ではスタート画面からソフトウェアを起動するのが一般的です。さらに、起動と同様にソフトウェアを終了する方法も覚えておきましょう。

データベース
ファイルを作るには

空のデータベース

これまでのレッスンで、データベースファイルの役割や仕組みを説明しました。初めてデータベースを作るときは、必ずこのレッスンの手順で操作しましょう。

1 空のデータベースファイルを作成する

レッスン4を参考にAccessを起動しておく	ここでは、顧客情報を管理するためのデータベースファイルを作成する

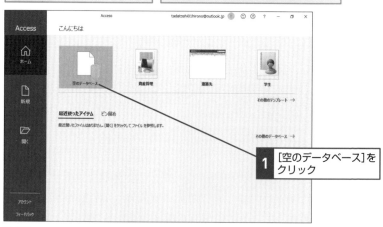

1 [空のデータベース]をクリック

Access2016、2013の場合は[空のデスクトップデータベース]をクリックする

Hint!

「空のデータベース」って何?

Accessのスタート画面に表示される「空のデータベース」とは、文字通り何も情報が入っていないデータベースファイルのことです。Accessを使ってデータベースを作るときは、まず空のデータベースファイルを作り、そこにいろいろな情報を蓄積していきます。

2 データベースファイルに名前を付ける

標準の設定では、[ドキュメント] フォルダーが
データベースファイルの保存先となる

1 「請求管理」と入力

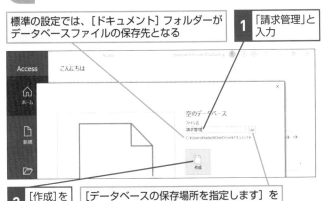

2 [作成]を
クリック

[データベースの保存場所を指定します] を
クリックすると、保存先を変更できる

3 データベースファイルが作成された

新しいデータベースファイルが作成された

請求管理：データベース- C:¥Users¥tadat¥On‥

手順2で入力したデータベー
スのファイル名と保存場所の
フォルダーなどが表示された

Point データベースファイルは情報の入れ物

Accessが扱うファイルはデータベースファイルと呼ばれるもの
で、ほかのアプリとは扱いが違います。ワープロソフトでは文書、
表計算ソフトではワークシートといったように、1つのファイルに
1つの情報が入るというのが一般的ですが、Accessの「データベー
スファイル」は1つのファイルに、テーブルやクエリ、レポートと
いったファイルがまとめて入ることを覚えておきましょう。

Accessの画面を確認しよう

各部の名称、役割

実際にAccessの操作を行う前に、画面を見ておきましょう。Access 2019の画面には、リボンやタブなどのほかに「ナビゲーションウィンドウ」が表示されます。

Access 2019の画面構成

Accessの画面は、大きく3つの要素で構成されています。1つ目はファイル操作のボタンや項目があるリボンです。リボンには、[ファイル]や[ホーム]など、機能ごとにいくつかのタブがあります。2つ目は、データベースファイルのオブジェクトが表示されるナビゲーションウィンドウです。テーブルやフォームなどのオブジェクトの内容は、ナビゲーションウィンドウの右側に表示されます。

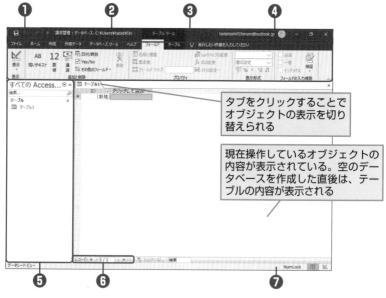

タブをクリックすることでオブジェクトの表示を切り替えられる

現在操作しているオブジェクトの内容が表示されている。空のデータベースを作成した直後は、テーブルの内容が表示される

❶クイックアクセスツールバー

常に表示されているので、目的のタブが表示されていない状態でもすぐにクリックして機能を実行できる。よく使う機能のボタンも追加できる。

❷タイトルバー

データベースファイルのある場所とファイル名、ファイル形式が表示される。Access 2019のデータベースファイルは、「(Access 2007-2016ファイル形式)」と表示される。

作業中のファイル名が表示される

❸リボン

さまざまな機能のボタンがタブごとに分類されている。

操作対象や選択状態に応じて、特別なタブが表示される

タブを切り替えて、目的の作業を行う

❹ユーザー名

Microsoftアカウントでサインインしているユーザー名が表示される。Officeにサインインしていないときは、ユーザー名ではなく「サインイン」と表示される。

❺ナビゲーションウィンドウ

テーブル、フォーム、クエリ、レポートなどデータベースファイルのオブジェクトの一覧が表示される。

❻移動ボタン

[先頭レコード] ボタン (◉) や [前のレコード] ボタン (◉)、[次のレコード] ボタン (◉)、[最終レコード] ボタン (◉) をクリックして、表示しているレコードを切り替えられる。中央に編集中のレコード番号と合計のレコード数が表示される。

ボタンをクリックするとレコードが切り替わる

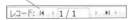

❼ステータスバー

編集している表示画面など、作業状態が表示される領域。作業によって表示内容が変わる。

作業状態や表示画面の名前が表示される

データシートビュー

注意 本書に掲載している画面解像度は1024×768ピクセルです。ワイド画面のディスプレイを使っている場合などは、リボンの表示やウィンドウの大きさが異なります

作業状態や表示画面の名前が表示される

Accessでデータベースを扱うときは、データを蓄える機能（テーブル）や、データを入力するための機能（フォーム）、データを抽出するための機能（クエリ）、データを印刷するための機能（レポート）を利用します。これらの機能を1つにまとめる役割を果たすのが、データベースファイルです。データの保存先や、入力フォーム、抽出などがバラバラのファイルで管理されるよりも、データベースファイルという1つのファイルになっている方がデータベース全体を分かりやすく管理できるのです。

Accessでデータベースを扱うときは、まず空のデータベースファイルを作ることから始めます。データベースファイルを作成すると、Accessの画面にはナビゲーションウィンドウが表示されます。ナビゲーションウィンドウは、データベースファイルに含まれているオブジェクトが表示されるAccessの最も基本となるウィンドウです。以降の章では、ナビゲーションウィンドウを使ったデータベースのさまざまな操作と役割を紹介します。少しずつ覚えていきましょう。

データベースファイルの作成

まず、情報の入れ物として空のデータベースファイルを作成する

第 2 章

データを入力する
テーブルを作成する

テーブルはいろいろなデータを入れるための入れ物のことです。この章では、氏名や住所など、顧客のデータを保存するためのテーブルを作ります。[作成] タブから簡単にテーブルを作成する方法やテーブルを自由に編集する方法をマスターしましょう。

テーブルの基本を知ろう

テーブルの仕組み

テーブルを編集する前に、テーブルの仕組みを理解しておきましょう。テーブルの仕組みを理解すれば、テーブルの作成や編集を行うのも簡単です。

テーブルとは

Accessでデータを蓄えておく場所をテーブルといいます。パソコンを使わずにデータを管理するときは、名刺入れやバインダーなどを使います。テーブルは、名刺を管理するための「名刺入れ」や、「書類を管理するためのバインダー」などに相当します。この後のレッスンでは、テーブルを作成する方法や、テーブルにデータを入力する方法、一度作成したテーブルを自由に編集する方法などを紹介します。ここでは、テーブルがいろいろなデータを蓄積するための入れ物だということを覚えておきましょう。

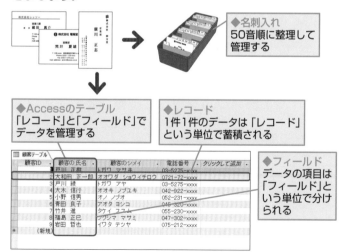

◆名刺入れ
50音順に整理して管理する

◆Accessのテーブル
「レコード」と「フィールド」でデータを管理する

◆レコード
1件1件のデータは「レコード」という単位で蓄積される

◆フィールド
データの項目は「フィールド」という単位で分けられる

テーブルには複数のビューがある

テーブルにはデータシートビューやデザインビューなどのビューがあります。データシートビューはテーブルにデータを入力するためのビューです。一方、デザインビューは文字通りテーブルをデザインするためのビューで、テーブルにどのようなデータを入力するのか、データの内容は数値なのか、文字なのかといったことを設定します。

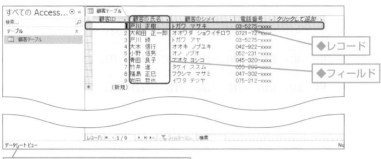

●データシートビュー

◆レコード

◆フィールド

表示しているビューの種類を確認できる

●デザインビュー

◆フィールド名
各フィールドの項目名が
表示される

◆データ型
入力するデータの内容をフィールド
ごとに設定できる

◆フィールドプロパティ
フィールドに入力するデータに
ついて、文字数や入力モードな
どの詳細を設定できる

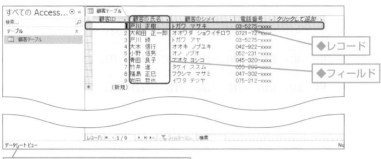

データベースファイルを開くには

ファイルを開く

Accessで既存のデータベースを利用するには、データベースファイルを開きます。ここでは、レッスン5で作成したデータベースファイルを開きます。

回 **ショートカットキー** Ctrl + O ……ファイルを開く

1 [ファイルを開く]ダイアログボックスを表示する

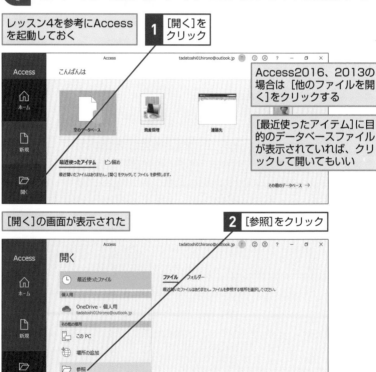

レッスン4を参考にAccess を起動しておく

1 [開く]をクリック

Access2016、2013の場合は[他のファイルを開く]をクリックする

[最近使ったアイテム]に目的のデータベースファイルが表示されていれば、クリックして開いてもいい

[開く]の画面が表示された

2 [参照]をクリック

2 データベースファイルを開く

[ファイルを開く]ダイアログ ボックスが表示された	ここでは、レッスン5で作成した[請求管理]と いうデータベースファイルを開く

1 [ドキュメント]をクリック

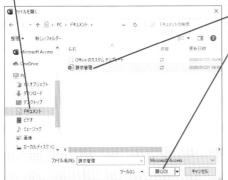

2 [請求管理]をクリック

3 [開く]をクリック

[セキュリティの警告]が 表示された	[請求管理]データベース ファイルを有効にする	**4**	[コンテンツの有効 化]をクリック

[請求管理]データベースファイルが
有効になり、表示された

Point 最初にデータベースファイルを開く

作成済みのデータベースファイルを使って作業をしたいときは、
Accessを起動した後でデータベースファイルを開きましょう。確
実なのは[ファイルを開く]ダイアログボックスでデータベースファ
イルを開く方法です。

データを管理する
テーブルを作るには
テーブルの作成

このレッスンでは、いよいよテーブルを作成し、新しいフィールド（列）をテーブルに追加します。テーブルを作成するには、[作成] タブから操作しましょう。

📄 練習用ファイル テーブルの作成.accdb

1 新しいテーブルを作成する

レッスン8を参考に [テーブルの作成.accdb]を開いておく	**1** [作成] タブをクリック	**2** [テーブル] をクリック

2 フィールド名を修正する

新しいテーブルが作成され、[テーブル1] がデータシートビューで表示された	ここでは、[顧客ID][顧客の氏名][顧客のシメイ][電話番号]フィールドを作成する	◆データシートビュー

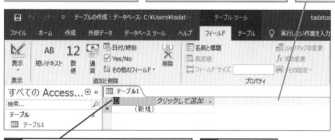

1 [ID] と入力されているフィールドをダブルクリック	**2** 「顧客ID」と入力

☝︎ Hint!

[クリックして追加]で選択しているものは何?

[クリックして追加]をクリックすると表示される[短いテキスト][数値][通貨]などをデータ型といいます。データ型とは、フィールドにどのような値を入力するのかを決めるものです。文字を入力するフィールドは[短いテキスト]、金額や数量などの数値を入力するフィールドは[数値]に設定しましょう。数値を扱うフィールドは、データ型を[数値]に設定しておかないと、後で合計や平均などの集計ができなくなってしまうので注意してください。

☝︎ Hint!

短いテキストと長いテキストって何?

文字列を入力するためのデータ型には[短いテキスト]と[長いテキスト]の2つがあります。[短いテキスト]は従来の[テキスト型]と呼ばれるデータ型で、255文字までの文字列を扱えます。また[長いテキスト]は従来の[メモ型]と呼ばれるデータ型で、文字数に制限はありません。

3 [顧客の氏名]フィールドを追加する

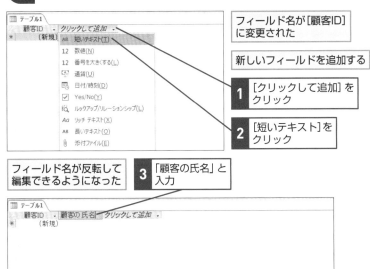

フィールド名が[顧客ID]に変更された

新しいフィールドを追加する

1 [クリックして追加]をクリック

2 [短いテキスト]をクリック

フィールド名が反転して編集できるようになった

3 「顧客の氏名」と入力

次のページに続く

4 [顧客のシメイ] と [電話番号] フィールドを追加する

続けて [顧客のシメイ] [電話番号] フィールドを追加する	**1** 手順3を参考に「顧客のシメイ」と「電話番号」と入力

5 テーブルを保存する

必要なフィールドを追加できた	作成したテーブルを保存する	**1** [上書き保存] をクリック 🔲

[名前を付けて保存]ダイアログボックスが表示された

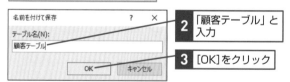

2 「顧客テーブル」と入力

3 [OK]をクリック

⟡ Hint!

フィールドを削除するには

フィールドを削除するには、削除したいフィールドをクリックして選択してから [テーブルツール] の [フィールド] タブにある [削除] ボタンをクリックします。なお、フィールドを削除すると、フィールドだけではなく、フィールドに入力されているデータも削除されます。

6 [顧客テーブル] を閉じる

[顧客テーブル] と
表示された

1 ['顧客テーブル'を閉じる] を
クリック

> Office 365のAccessの場合
> は、テーブルのタブの右にある
> [閉じる]をクリックする

ナビゲーションウィンドウにも
テーブル名が表示される

[顧客テーブル] が
閉じる

⦿ Hint!

古いデータベースはウィンドウで表示される

Access 2003以前のバージョンで作成したデータベースファイルを開く
と、テーブルなどのオブジェクトはタブではなく、ウィンドウで表示されま
す。ウィンドウで表示されていても、本書で紹介している操作と同様の方法
で操作できます。

Point テーブルはデータを蓄えるための表形式の入れ物

Accessでデータを蓄える場所はフィールド (列) とレコード (行)
とで構成された表のようなものであることから、テーブル (表) と
呼ばれています。テーブルは、「どのフィールドにどんなデータを
入力するのか」 をあらかじめ決めてから作成していきましょう。こ
の章では顧客名簿のデータベースを作るので、「顧客ID」(通し番号)、
「顧客の氏名」、「顧客のシメイ」(ふりがな)、「電話番号」といった
フィールドをテーブルに追加します。

レッスン	テーブルに
10	**データを入力するには**

テーブルの入力

テーブルを開くと、データシートビューで表示されます。デー
タシートビューを使ってテーブルに顧客の氏名やふりがな、
電話番号を入力しましょう。

📄 練習用ファイル　テーブルの入力.accdb
⌨ ショートカットキー　[Tab] ……次のフィールドに移動

1 [顧客テーブル] を開く

ナビゲーションウィンドウから
[顧客テーブル]を開く

1 [顧客テーブル]を
ダブルクリック

[顧客テーブル]がデータシート
ビューで表示された

🔆 Hint!

データを入力するときはデータシートビュー

テーブルなどのオブジェクトは、ビューと呼ばれるいくつかの表示方法が用
意されています。データシートビューは、テーブルの表示方法の1つで、テー
ブルにデータを入力したり、テーブルにどのようなデータが入力されている
のかを確認するために使います。テーブルにはデータシートビューだけでは
なく、テーブルの構造やデータ型を編集するためのデザインビューと呼ばれ
る表示方法もあります。デザインビューについては、レッスン13を参照し
てください。

2 [顧客の氏名] と [顧客のシメイ] フィールドにデータを入力する

まず、1件目のデータを入力する

顧客ID	1	顧客の氏名	戸川　正樹	顧客のシメイ	トガワ　マサキ
		電話番号	03-5275-xxxx		

1 [顧客の氏名]フィールド
に「戸川　正樹」と入力

空白は全角文字で
入力する

2 Tabキーを
押す

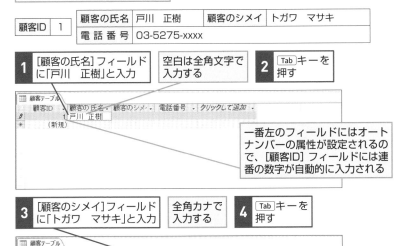

一番左のフィールドにはオート
ナンバーの属性が設定されるの
で、[顧客ID]フィールドには連
番の数字が自動的に入力される

3 [顧客のシメイ]フィールド
に「トガワ　マサキ」と入力

全角カナで
入力する

4 Tabキーを
押す

3 [電話番号] フィールドにデータを入力する

[電話番号]フィールドに半角の数字を入力する
ので、入力モードを[半角英数]に変更する

1 半角/全角キーを
押す

[入力モード]の表示が[A]に変わった

2 「03-5275-xxxx」と入力

3 Tabキーを押す

次のページに続く

4 続けて残りのデータを入力する

1件目のデータの入力が完了して、カーソルが
新しいレコードに移動した

顧客テーブル				
顧客ID	顧客の氏名	顧客のシメ…	電話番号	クリックして追加
1	戸川 正樹	トガワ　マサキ	03-5275-xxxx	
*	新規			

1 手順1〜手順3と同様に、以下のデータを入力　　[顧客ID]フィールドには何も入力しなくていい

顧客ID	2	顧客の氏名	大和田　正一郎	顧客のシメイ	オオワダ　ショウイチロウ
		電話番号	0721-72-xxxx		

顧客ID	3	顧客の氏名	戸川　綾	顧客のシメイ	トガワ　アヤ
		電話番号	03-5275-xxxx		

顧客ID	4	顧客の氏名	大木　信行	顧客のシメイ	オオキ　ノブユキ
		電話番号	042-922-xxxx		

顧客ID	5	顧客の氏名	北条　恵	顧客のシメイ	ホウジョウ　メグミ
		電話番号	0465-23-xxxx		

顧客ID	6	顧客の氏名	小野　信男	顧客のシメイ	オノ　ノブオ
		電話番号	052-231-xxxx		

顧客ID	7	顧客の氏名	青田　良子	顧客のシメイ	アオタ　ヨシコ
		電話番号	045-320-xxxx		

顧客ID	8	顧客の氏名	竹井　進	顧客のシメイ	タケイ　ススム
		電話番号	055-230-xxxx		

顧客ID	9	顧客の氏名	福島　正巳	顧客のシメイ	フクシマ　マサミ
		電話番号	047-302-xxxx		

顧客ID	10	顧客の氏名	岩田　哲也	顧客のシメイ	イワタ　テツヤ
		電話番号	075-212-xxxx		

5 入力したデータを確認する

| すべてのデータを入力できた | **1** 入力したデータの内容を確認 | **2** ['顧客テーブル'を閉じる]をクリック | × |

顧客テーブルが閉じる

☆ Hint!

レコードを削除するには

レコードを削除するには、以下の操作を実行します。ただし、レコードの削除は取り消しができません。削除する前によく確認しておきましょう。

1 [ホーム]タブをクリック

2 削除するレコードのここをクリック

レコードの削除について確認のメッセージが表示された

5 [はい]をクリック

3 [削除]のここをクリック

4 [レコードの削除]をクリック

Point テーブルを作ったらデータを入力しよう

テーブルを作ったら、データシートビューでテーブルにデータを入力しましょう。このレッスンで操作したように、はじめはテーブルに行（レコード）がありません。ところがデータを入力していくと、レコードが自動的に増えていきます。つまり、テーブルにレコードが追加されてデータが蓄えられていくのです。1つのテーブルに蓄えられるレコード数に制限はありません。大量のデータを蓄えることができるのも、データベースの大きな特長の1つなのです。

フィールドの幅を
変えるには
フィールド幅の調整

テーブルのデータシートビューでは、それぞれのフィールドがすべて同じ幅で表示されています。見やすくするために、フィールドの幅を調整しましょう。

📄 練習用ファイル　フィールド幅の調整.accdb

1 [顧客の氏名] フィールドの幅を調整する

レッスン10を参考に、[顧客テーブル]をデータシートビューで表示しておく	フィールドの幅が狭いので、文字の一部が表示されていない

| **1** ここにマウスポインターを合わせる | マウスポインターの形が変わった ↔ | **2** そのままダブルクリック |

顧客テーブル				
顧客ID ・	顧客の氏名 ・	顧客のシメ・	電話番号 ・	クリックして追加 ・
1	戸川 正樹	トガワ マサキ	03-5275-xxxx	
2	大和田 正一	オオワダ ショ	0721-72-xxxx	
3	戸川 綾	トガワ アヤ	03-5275-xxxx	
4	大木 信行	オオキ ノブユ	042-922-xxxx	
5	北条 恵	ホウジョウ メ	0465-23-xxxx	
6	小野 信男	オノ ノブオ	052-231-xxxx	
7	青田 良子	アオタ ヨシコ	045-320-xxxx	

💡 Hint!

レコードの高さを変更するには

以下のように操作すれば、データシートビューでレコードの高さを変更できます。レコードの高さを変えると、フィールド内に表示しきれないデータを2行以上で折り返して表示できます。

1 ここ (行の下端) にマウスポインターを合わせる

| マウスポインターの形が変わった ‡ |

| **2** ここまでドラッグ |

2 残りのフィールドの幅を調整する

入力されている文字数に合わせて［顧客の氏名］
フィールドの幅が広がった

1	残りのフィールドの幅を調整	フィールドの幅が変更された

次のレッスン12で続けて操作するので、
このまま［顧客テーブル］を表示しておく

Point フィールド幅を調整して データシートを見やすくしよう

テーブルを作った直後は、データシートビューのフィールドはすべて同じ幅になっています。フィールドの幅が狭すぎてデータがすべて表示されないときは、このレッスンの手順で操作すると、フィールドに入力されている最大文字数に合わせて、幅が自動的に広がります。入力するデータやテーブルの内容に応じて、フィールドの幅を適切に調整しておきましょう。

テーブルを保存するには

上書き保存

テーブルの形式を変えたときは、必ずテーブルを保存しておきましょう。テーブルの変更内容を保存するには、[上書き保存] ボタンを使います。

⌨ **ショートカットキー** Ctrl + S ……上書き保存

1 テーブルの上書き保存を実行する

ここでは、レッスン11でフィールドの幅を変更したテーブルを保存する	**1** [上書き保存] をクリック

✧ Hint!

テーブルの名前を変更するには

テーブルの名前は簡単に変更できます。例えば、間違った名前でテーブルを保存してしまったときなどは、以下のように操作しましょう。ただし、テーブルを開いている状態では名前を変更できません。

1 ナビゲーションウィンドウでテーブルを右クリック

2 [名前の変更] をクリック

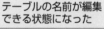

テーブルの名前が編集できる状態になった

2 [顧客テーブル]を閉じる

テーブルが上書き保存された	上書き保存されたことを確認するため、一度テーブルを閉じる

1 ['顧客テーブル'を閉じる] をクリック

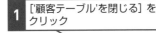

[顧客テーブル]が閉じられた

> ## Point テーブルの形式を変えたら必ず保存を実行する
>
> Accessの保存とワープロや表計算ソフトの保存では、意味が違います。テーブルを保存しなければいけないのは、テーブルの形式（レイアウト）を変えたときです。レッスン11ではフィールドの幅を変更しました。この場合、テーブルが変更されたと見なされ、保存の対象となります。一方、テーブルへのデータの追加や修正といった操作は、操作の実行時にデータベースファイルが自動的に更新されるので保存の必要がありません。

レッスン
13 テーブルをデザインビューで表示するには
テーブルのデザインビュー

ここでは、テーブルのビューを切り替える方法を解説します。テーブルをデータシートビューからデザインビューに切り替えるには［表示］ボタンを使います。

練習用ファイル　テーブルのデザインビュー.accdb
ショートカットキー　Ctrl＋,……データシートビューからデザインビューへの切り替え

1 デザインビューを表示する

レッスン10を参考に、［顧客テーブル］をデータシートビューで表示しておく

データシートビューからデザインビューに切り替える

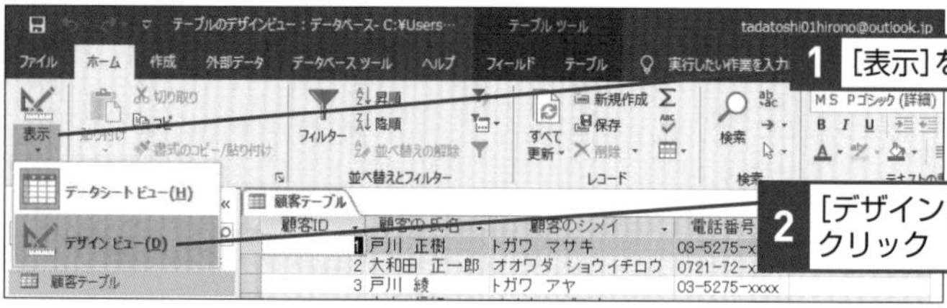

1 ［表示］をクリック

2 ［デザインビュー］をクリック

表示

Hint! ワンクリックでビューを切り替えられる

手順1では、［表示］ボタンの一覧からテーブルのビューを切り替えています。操作に慣れたら［表示］ボタンでビューを簡単に切り替えましょう。

●［表示］ボタンの種類

◆デザインビューに切り替わる［表示］ボタン

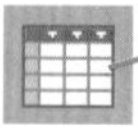

◆データシートビューに切り替わる［表示］ボタン

●ボタンでの切り替え

1 ［表示］をクリック

デザインビューに切り替わる

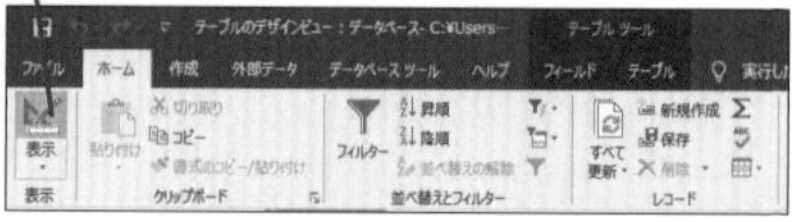

2 デザインビューが表示された

[顧客テーブル]がデザインビューで表示された

◆デザインビュー
フィールドの変更やデータ型など、テーブルの設定を変更できる

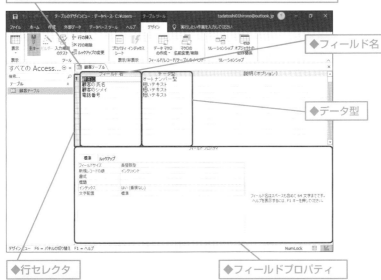

◆フィールド名

◆データ型

◆行セレクタ

◆フィールドプロパティ

Point デザインビューでフィールドの属性を 細かく設定できる

テーブルにはデータシートビューとデザインビューの2つの表示方法があります。データシートビューはレコードの入力や修正のほか、簡単なフィールドの編集を実行できます。デザインビューは、テーブルの構造を編集するための画面です。デザインビューではデータシートビューではできないフィールドの編集や、フィールド属性の細かい設定ができます。この2つのビューの違いと役割を覚えておきましょう。次のレッスンからはテーブルのデザインビューを使って、テーブルの形式を編集していきます。

日本語入力の状態を
自動的に切り替えるには
IME入力モード、IME変換モード

データを入力するときの入力モードはフィールドごとに設定
できます。氏名などの入力を楽にするために、入力モードと
変換モードの設定を変更してみましょう。

📄 **練習用ファイル** IME入力モード、IME変換モード.accdb
⌨ **ショートカットキー** Ctrl + S……上書き保存
　　　　　　　　　　　Ctrl + . ……デザインビューからデータシー
　　　　　　　　　　　　　　　トビューへの切り替え

第2章　データを入力するテーブルを作成する

1 入力モードを変更する

レッスン13を参考に [顧客テーブル] をデザイン ビューで表示しておく	[電話番号] フィールドを 選択する

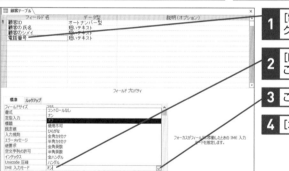

1 [電話番号] を
クリック

2 [IME入力モード] の
ここをクリック

3 ここをクリック

4 [オフ] をクリック

💡 Hint!
フィールドの入力モードを変更しよう

このレッスンでは、[IME入力モード] の設定を変更してフィールドの入力
モードを変更します。[顧客のシメイ] フィールドのように、フリガナを入
力することが分かっているときは、フィールドの入力モードを [全角カタカ
ナ] に変更してもいいでしょう。

2 変換モードを変更する

```
[顧客の氏名]フィールドを          1  [顧客の氏名]を      2  [IME変換モード]の
選択する                              クリック              ここをクリック
```

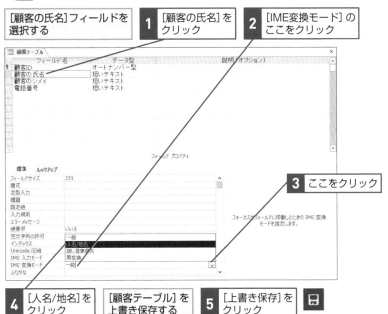

```
4  [人名/地名]を      [顧客テーブル]を      5  [上書き保存]を      💾
   クリック          上書き保存する           クリック
```

⚘ Hint!

変換モードって何?

[IME変換モード]は、どのような変換を優先にするかを設定します。住所や氏名を入力するフィールドに [人名/地名] を選ぶと、人名や地名が変換候補の上位に表示されます。

```
1  [IME変換モード]をクリック
```

```
2  ここをクリック
```

フィールドに入力する内容に応じて、変換モードの種類を設定できる

次のページに続く

③ データシートビューを表示する

| テーブルが保存された | | **1** [表示]を クリック | 表示 | **2** [データシートビュー]を クリック |

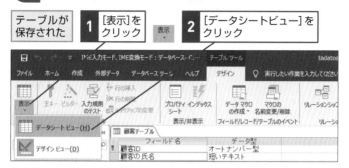

④ 入力モードが切り替わることを確認する

| フィールドの変換モードと入力 モードの設定を確認する | **1** [顧客の氏名] フィールドの一番下 のレコードをクリック |

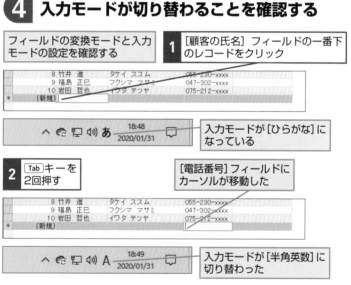

⚠ 間違った場合は?

手順4で変換モードや入力モードが正しく切り替わらないときは、[表示] ボタンをクリックしてデザインビューを表示し、手順1から設定をやり直します。

5 フィールドにデータを入力する

ここでは、以下のデータをフィールドに入力する

[顧客ID] フィールドには何も入力しなくていい

顧客ID	11

顧客の氏名	谷口　博	顧客のシメイ	タニグチ　ヒロシ
電 話 番 号	03-3241-xxxx		

1 [顧客の氏名] フィールドの一番下のレコードをクリック

2 「谷口　博」と入力

続けてほかのフィールドにデータを入力しておく

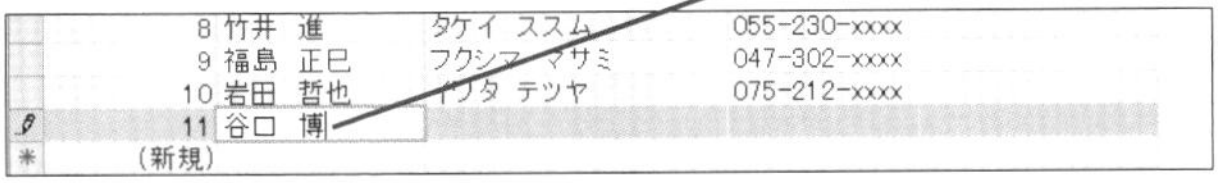

8 竹井 進 タケイ ススム 055-230-xxxx
9 福島 正巳 フクシマ マサミ 047-302-xxxx
10 岩田 哲也 イワタ テツヤ 075-212-xxxx
11 谷口 博
(新規)

Hint!

データベース全体のフィールドプロパティを一括で変更できる

手順1や手順2の操作後に［プロパティの更新オプション］ボタン（ ）が表示されたときは、テーブルとフォームやレポートのフィールドプロパティの値が異なります。［プロパティの更新オプション］ボタンをクリックすると、矛盾が起きているフィールドプロパティを一括で修正できることを覚えておきましょう。

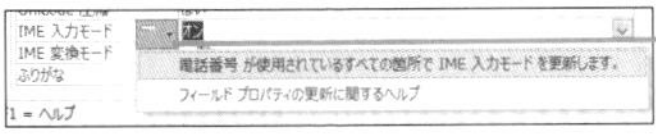

IME 入力モード
IME 変換モード
ふりがな
1 = ヘルプ
電話番号 が使用されているすべての箇所で IME 入力モード を更新します。
フィールド プロパティの更新に関するヘルプ

フィールドプロパティの矛盾を一括で修正できる

Point 入力したいデータに合わせて適切に設定しよう

入力モードを［オフ］に設定すると、データを入力するときに日本語入力が自動的に［オフ］になります。電話番号などのフィールドに設定します。日本語が入力されるフィールドは「オン」にしていくと、データを入力するとき自動的にひらがなや漢字、カタカナが入力される状態になるので、入力モードを切り替える手間を省けます。

新しいフィールドを 追加するには
データ型とフィールドサイズ

このレッスンでは、デザインビューを利用して [顧客テーブル] に都道府県や郵便番号を入力するフィールドを追加し、それぞれ入力できる文字数を設定します。

🗐 練習用ファイル データ型とフィールドサイズ.accdb

▣ ショートカットキー [Ctrl]+[S]……上書き保存
　　　　　　　　　　[Ctrl]+[.]……デザインビューからデータシートビューへの切り替え

1 [郵便番号] フィールドを追加する

レッスン13を参考に [顧客テーブル] をデザインビューで表示しておく

| 1 | [電話番号] の下の空白行をクリック | 2 | 「郵便番号」と入力 | 3 | [Tab] キーを押す |

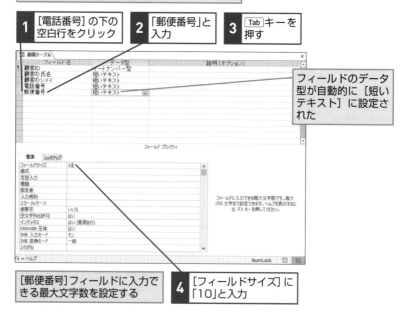

フィールドのデータ型が自動的に [短いテキスト] に設定された

[郵便番号]フィールドに入力できる最大文字数を設定する

| 4 | [フィールドサイズ] に「10」と入力 |

݆ Hint!

[郵便番号] フィールドは [短いテキスト] のデータ型でいいの？

[郵便番号] フィールドは一見数値型のようですが、「0075」と入力しても、数値型では「75」という数値で扱われます。また、「102-0075」のように郵便番号には「-」(ハイフン) が入るので、[郵便番号] フィールドは [短いテキスト] が適しています。

2 [都道府県] フィールドを追加する

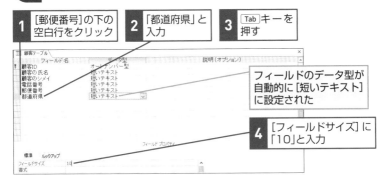

1 [郵便番号]の下の空白行をクリック

2 「都道府県」と入力

3 Tab キーを押す

フィールドのデータ型が自動的に [短いテキスト] に設定された

4 [フィールドサイズ] に「10」と入力

3 [住所] フィールドを追加する

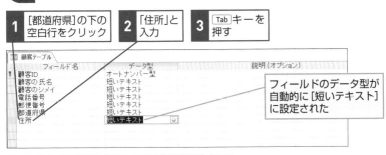

1 [都道府県]の下の空白行をクリック

2 「住所」と入力

3 Tab キーを押す

フィールドのデータ型が自動的に [短いテキスト] に設定された

[顧客テーブル] を上書き保存する

4 [上書き保存] をクリック

次のページに続く

4 データシートビューを表示してフィールドを確認する

1 [表示]を
クリック

2 [データシートビュー] を
クリック

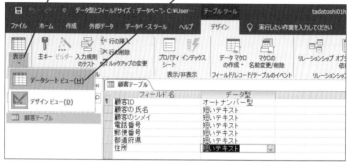

- データシート ビュー(H)
- デザイン ビュー(D)

[顧客テーブル] がデータシート
ビューで表示された

追加したフィールドが
表示された

新たに追加したフィールドなので、データは何も入力されていない

5 追加したフィールドにデータを入力する

1件目のレコードに以下のデータを入力する

顧客ID	1	顧客の氏名	戸川　正樹	郵便番号	102-0075
		都道府県	東京都	住　所	千代田区三番町x-x-x

1 1件目のレコードの [郵便番号]をクリック

2 [郵便番号]を半角文字で入力

3 [都道府県]を入力

4 [住所]を入力

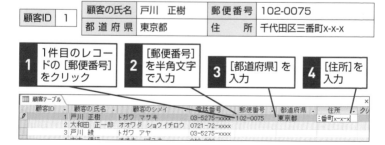

6 続けて残りのデータを入力する

1 同様にして2件目以降の
データを入力

| 顧客ID | 2 | 顧客の氏名 | 大和田　正一郎 | 郵便番号 | 585-0051 |
| | | 都道府県 | 大阪府 | 住　　所 | 南河内郡千早赤阪村x-x-x |

| 顧客ID | 3 | 顧客の氏名 | 戸川　綾 | 郵便番号 | 102-0075 |
| | | 都道府県 | 東京都 | 住　　所 | 千代田区三番町x-x-x |

| 顧客ID | 4 | 顧客の氏名 | 大木　信行 | 郵便番号 | 359-1128 |
| | | 都道府県 | 埼玉県 | 住　　所 | 所沢市金山町x-x-x |

| 顧客ID | 5 | 顧客の氏名 | 北条　恵 | 郵便番号 | 250-0014 |
| | | 都道府県 | 神奈川県 | 住　　所 | 小田原市城内x-x-x |

| 顧客ID | 6 | 顧客の氏名 | 小野　信男 | 郵便番号 | 460-0013 |
| | | 都道府県 | 愛知県 | 住　　所 | 名古屋市中区上前津x-x-x |

| 顧客ID | 7 | 顧客の氏名 | 青田　良子 | 郵便番号 | 220-0051 |
| | | 都道府県 | 神奈川県 | 住　　所 | 横浜市西区中央x-x-x |

| 顧客ID | 8 | 顧客の氏名 | 竹井　進 | 郵便番号 | 400-0014 |
| | | 都道府県 | 山梨県 | 住　　所 | 甲府市古府中町x-x-x |

| 顧客ID | 9 | 顧客の氏名 | 福島　正巳 | 郵便番号 | 273-0035 |
| | | 都道府県 | 千葉県 | 住　　所 | 船橋市本中山x-x-x |

| 顧客ID | 10 | 顧客の氏名 | 岩田　哲也 | 郵便番号 | 604-8301 |
| | | 都道府県 | 京都府 | 住　　所 | 中京区二条城町x-x-x |

| 顧客ID | 11 | 顧客の氏名 | 谷口　博 | 郵便番号 | 103-0022 |
| | | 都道府県 | 東京都 | 住　　所 | 中央区日本橋室町x-x-x |

| 追加したフィールドに
データを入力できた | レッスン11を参考に、各フィールドの
幅を調整しておく |

⚠ 間違った場合は?

手順4や手順5で間違えてデータを入力したときは、[Back space]キーを押
して文字を削除してからもう一度データを入力し直しましょう。

日付のフィールドを追加するには

日付/時刻型

これまで作ったテーブルに、登録日を入力するためのフィールドを追加してみましょう。追加した日付のフィールドに[日付/時刻型]のデータ型を設定します。

📄 練習用ファイル　日付／時刻型.accdb
⌨ ショートカットキー　Ctrl + . ……デザインビューからデータシートビューへの切り替え

第2章　データを入力するテーブルを作成する

1　[登録日] フィールドのデータ型を変更する

レッスン13を参考に [顧客テーブル] を
デザインビューで表示しておく

| 1 | [住所] の下の空白行をクリック | 2 | 「登録日」と入力 | 3 | Tab キーを押す |

日付を入力するフィールドなので [日付/時刻型] を指定する

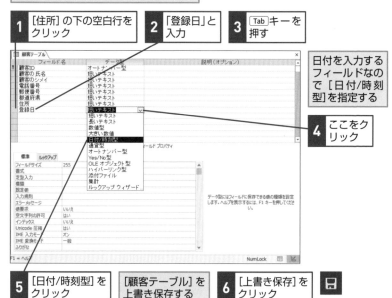

| 4 | ここをクリック |

| 5 | [日付/時刻型] をクリック | [顧客テーブル] を上書き保存する | 6 | [上書き保存] をクリック |

Ϙ Hint!

文字列や数値以外のデータ型もある

数値を扱うデータ型、文字を扱うデータ型のほかにも、テーブルのフィールドにはいろいろなデータ型を設定できます。代表的なデータ型には、このレッスンで紹介している[日付/時刻型]のほかに[Yes/No型]や[オートナンバー型]などがあります。[日付/時刻型]は日付や時刻を入力するときに利用します。[Yes/No型]は、請求書の有無や書類の未提出・送付済みなど、YesかNoの2つの値のいずれかを選択するときに利用します。

Ϙ Hint!

フィールドを削除するには

必要のないフィールドや間違って追加したフィールドは、以下の手順で削除できます。ただし、フィールドを削除すると、フィールドに入力されているデータもすべて失われてしまい、元に戻せません。フィールドを削除するときは、本当に削除しても問題がないか、よく考えてからにしましょう。

1 削除するフィールドの
ここをクリック

2 [テーブルツール]の[デザイン]
タブをクリック

3 [行の削除]を
クリック ×行の削除

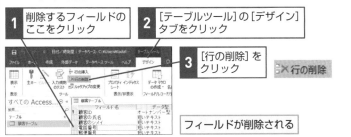

フィールドが削除される

2 データシートビューを表示する

追加したフィールドを確認するため、
データシートビューを表示する

1 [表示]を
クリック 表示

2 [データシートビュー]を
クリック

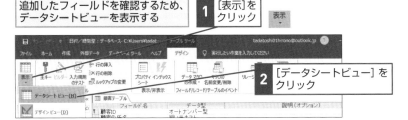

次のページに続く

3 ナビゲーションウィンドウを閉じる

[顧客テーブル] がデータシート
ビューで表示された

1 [シャッターバーを開く/閉じる
ボタン]をクリック　《

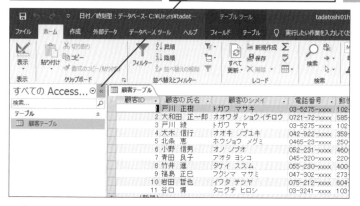

♡ Hint!
必要に応じてナビゲーションウィンドウは閉じておこう

手順3で操作しているようにナビゲーションウィンドウを閉じれば、作業領域を広く表示できます。データシートビューでテーブルを表示するときなど、作業領域が広い方が多くのフィールドを一度に確認できて便利です。

♡ Hint!
カレンダーから日付を入力できる

[日付/時刻型] に設定したフィールドは、カレンダーを表示して、カレンダーから日付を選んでも入力できます。[日付/時刻型] のフィールドをクリックするとフィールドの右側にカレンダーのアイコンが表示されます。表示されたアイコンをクリックしましょう。

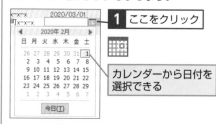

1 ここをクリック

カレンダーから日付を
選択できる

4 登録日を入力する

顧客ID	顧客の氏名	登録日
1	戸川 正樹	2019/09/01

1件目のレコードに以下の
データを入力する

1 1件目のレコードの
[登録日]をクリック

2 「2019/09/01」と
入力

「xxxx/xx/xx」の
形式で入力する

顧客ID	顧客の氏名	登録日
2	大和田 正一郎	2019/09/15
3	戸川 綾	2019/10/15
4	大木 信行	2019/11/10
5	北条 恵	2019/11/20
6	小野 信男	2019/12/15
7	青田 良子	2020/01/25
8	竹井 進	2020/02/10
9	福島 正巳	2020/02/10
10	岩田 哲也	2020/03/01
11	谷口 博	2020/03/15

1件目のデータを
入力できた

3 同様にして2件目以降の
データを入力

Point [日付/時刻型] に設定したフィールドに日付を入力する

[日付/時刻型] のデータ型を設定したフィールドには日付や時刻を
入力できます。このレッスンでは、登録日を入力するために [日付
/時刻型] のデータ型を設定してフィールドを追加しました。ここ
では日付だけを入力していますが、[日付/時刻型] のデータ型を持
つフィールドには、日付だけではなく、日付と時刻、時刻のみといっ
た、日付や時刻に関するさまざまなデータを入力できるようになり
ます。

日付の表示形式を変えるには

データ型の書式設定

データベースに入力した日付はパソコンの設定によって和暦で表示されることがあります。フィールドの書式を設定して、必ず西暦で表示されるようにしましょう。

📄 練習用ファイル　データ型の書式設定.accdb
⌨ ショートカットキー　[Ctrl] + [S]……上書き保存
　　　　　　　　　　　　[Ctrl] + [.]……デザインビューからデータシートビューへの切り替え

1 [登録日] フィールドの [書式] を設定する

レッスン13を参考に [顧客テーブル] を デザインビューで表示しておく	**1** [登録日]を クリック	**2** [書式]を クリック

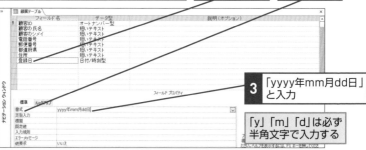

3 「yyyy年mm月dd日」と入力

「y」「m」「d」は必ず半角文字で入力する

[顧客テーブル]を上書き保存する	**4** [上書き保存]をクリック	

⚠ 間違った場合は?

手順1の操作3で [登録日] の書式フィールドプロパティに入力する内容を間違えると、データシートビューに切り替えたときに [登録日] フィールドの内容が正しく表示されません。日付が正しく表示されないときは、手順1で書式に入力した 「y」「m」「d」 が全角文字で入力されていることがあります。その場合は、もう一度書式を設定し直しましょう。

2 [登録日] フィールドの幅を調整する

レッスン14を参考に [顧客テーブル] をデータシートビューで表示しておく	[登録日] フィールドの幅が狭くて収まらないため、日付が [####] と表示されている

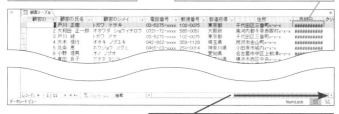

1 ここを右にドラッグしてスクロール

2 ここにマウスポインターを合わせる

マウスポインターの形が変わった	✛	**3** そのままダブルクリック

日付が「xxxx年xx月xx日」の形式で表示された

Point 書式は入力されたデータの表示形式を変えるもの

書式とは、入力されたデータの内容を変えずに見ためだけを変えるためのものです。このレッスンのように日付の表示形式を統一したり、金額の先頭に「¥」を付けたりするときなどに使うのが一般的です。書式を指定するには「yyyy」「m」「d」などの決められた文字を使います。これらの文字は書式文字列と呼ばれ、データの内容は書式文字列によって整形され、表示されます。

住所を自動的に
入力するには
住所入力支援ウィザード

郵便番号から該当する住所を自動的に入力できるようにすると、入力がはかどり便利です。このレッスンでは、住所入力支援機能を追加する方法を説明します。

📄 練習用ファイル　住所入力支援ウィザード.accdb
⌨ ショートカットキー　Ctrl + S ……上書き保存
　　　　　　　　　　　Ctrl + . ……デザインビューからデータシートビューへの切り替え

1 [住所入力支援ウィザード] を起動する

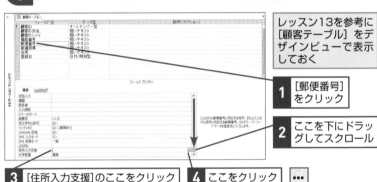

レッスン13を参考に[顧客テーブル]をデザインビューで表示しておく

1 [郵便番号]をクリック

2 ここを下にドラッグしてスクロール

3 [住所入力支援]のここをクリック

4 ここをクリック

💡 Hint!

[住所入力支援ウィザード] って何？

郵便番号を入力したときに自動的に住所が入力されると便利です。逆に郵便番号が分からないときに、入力した住所から該当する郵便番号を入力できれば郵便番号を調べる手間を省けます。このレッスンで紹介する[住所入力支援ウィザード]を利用すれば、郵便番号から住所もしくは、住所から郵便番号をフィールドに自動入力できるようになります。

2 郵便番号を入力するフィールドを指定する

[住所入力支援ウィザード]が 起動した	郵便番号を入力するフィールドを 指定する

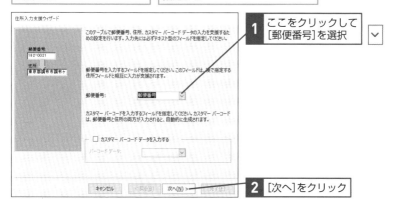

1 ここをクリックして
[郵便番号]を選択

2 [次へ]をクリック

3 住所の入力方法と入力先のフィールドを指定する

住所の入力方法と住所が自動入力されるフィールドを設定する

1 [都道府県と住所の 2分割]をクリック	ここでは、[都道府県]と[住所]フィールドに 住所が自動入力されるように設定する

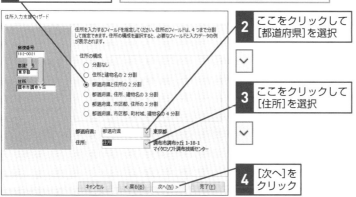

2 ここをクリックして
[都道府県]を選択

3 ここをクリックして
[住所]を選択

4 [次へ]を
クリック

次のページに続く

4 入力のテストを行う

郵便番号を入力して、どのようにフィールドに
入力されるのかをテストする

1 「540-0008」と
入力

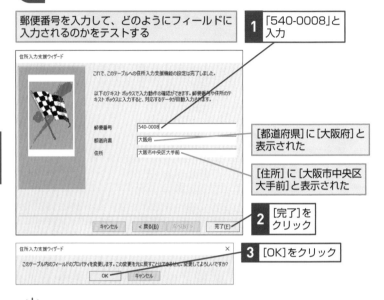

住所入力支援ウィザード

これで、このテーブルへの住所入力支援機能の設定は完了しました。

以下のテキスト ボックスで入力動作の確認ができます。郵便番号や住所のテ
キスト ボックスに入力すると、対応するデータが自動入力されます。

郵便番号　　540-0008

都道府県　　大阪府

住所　　　　大阪市中央区大手前

[都道府県]に[大阪府]と
表示された

[住所]に[大阪市中央区
大手前]と表示された

キャンセル　< 戻る(B)　次へ(N) >　完了(F)

2 [完了]を
クリック

住所入力支援ウィザード　　　　　　　　　　　　　×

このテーブル内のフィールドのプロパティを変更します。この変更を元に戻すことはできません。変更してよろしいですか？

OK　　キャンセル

3 [OK]をクリック

◊ Hint!
「定型入力」とは

「定型入力」とは、あらかじめ設定した規則に従って入力を支援するための
機能です。定型入力を設定すると、あらかじめ設定した規則と異なるデータ
がフィールドに入力できなくなります。このレッスンでは、[住所入力支援
ウィザード]によって[郵便番号]フィールドに「000¥-0000;;_」という
定型入力が設定されます。これは、『-』（ハイフン）でつながれた3けた+4
けたの数字を入力しなければいけないという規則を表しています。

◊ Hint!
なぜ、[郵便番号]フィールドの定型入力を変更するの？

[住所入力支援ウィザード]で[郵便番号]フィールドに設定された定型入
力では、入力したデータが「540-0008」と表示されます。しかし、[郵便
番号]フィールドへ実際に入力されるデータは「5400008」という内容
の数字になります。手順5では、フィールドに格納されるデータと定型入力
で表示される内容が同じになるように、定型入力の書式を設定します。

5 [定型入力] の書式を変更する

郵便番号を「ー」(ハイフン) 付きで
登録できるようにする

1 [郵便番号] を
クリック

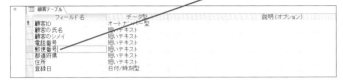

2 [定型入力]のここを
クリック

3 ←キーを2回押して「;」と「;」の
間にカーソルを移動

4 半角数字で「0」と入力

必ず半角文字で入力する

⚠ 間違った場合は?

手順5で [定型入力] に入力する内容を間違ってしまったときは、再度 [郵便番号] をクリックして [定型入力] への入力をやり直します。

6 [都道府県] フィールドの設定を変更する

[郵便番号] フィールドの [定型入力]の
設定を変更できた

1 [都道府県]をクリック

次のページに続く

7 [住所入力支援] の設定を変更する

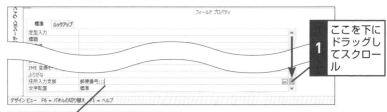

1	ここを下に ドラッグし てスクロール

2 [住所入力支援]のここをクリック

3 Back space キーを 押して削除 | 住所から郵便番号が自動で入力されるようにするときは、 削除しないでおく

8 [住所] フィールドの [住所入力支援] の設定を変更する

[都道府県]フィールドの[住所入力 支援]の設定を変更できた

ここでは、[住所]フィールドで住所から 郵便番号が入力されないように設定する

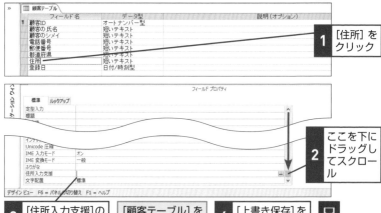

1	[住所] を クリック

2	ここを下に ドラッグし てスクロール

3 [住所入力支援]の 内容を削除 | [顧客テーブル] を 上書き保存する | 4 [上書き保存]を クリック

9 データを入力する

レッスン14を参考に [顧客テーブル] を データシートビューで表示しておく	正しく設定されたことを確認する ために以下のデータを入力する

顧客ID	12	顧客の氏名	石田　光雄	顧客のシメイ	イシダ　ミツオ
		電話番号	06-4791-xxxx	郵便番号	540-0008
		住　　所	大阪市中央区大手前x-x-x	登　録　日	2020年03月30日

1	[顧客の氏名]と[顧客のシメイ] [電話番号]を入力	2	Tab キーを 押す

郵便番号を入力して住所が 表示されることを確認する	3	[郵便番号]を 入力	[都道府県]と[住所]フィールド に自動的に住所が入力された

10 住所の続きを入力する

[住所]フィールドに残りの住所を入力する

1	Tab キーを 2回押す	2	F2 キーを押して 残りの住所を入力	3	[登録日]のデータを 入力

⚠ 間違った場合は?

手順9で郵便番号を入力しても、都道府県と住所が自動で入力されないとき は、[住所入力支援ウィザード] の設定が間違っています。手順1から操作を やり直しましょう。

レッスン **19**

日付を自動的に入力するには

既定値

フィールドの数が多いテーブルでは、日付などが自動で入力されるようにするとデータ入力の手間を省けます。日付が自動的に入力されるようにしてみましょう。

🗒 練習用ファイル　既定値.accdb

🎹 **ショートカットキー**　Ctrl + S……上書き保存
　　　　　　　　　　　　　Ctrl + .……デザインビューからデータシートビューへの切り替え

1 [登録日] フィールドに [既定値] を設定する

レッスン13を参考に[顧客テーブル]を
デザインビューで表示しておく

1 [登録日]を
クリック

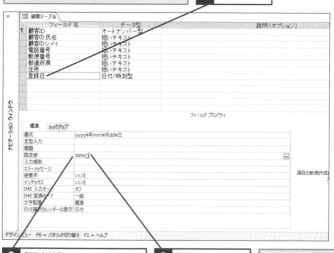

2 [既定値]のここをクリック　　**3**「date()」と入力　　必ず半角文字で入力する

[顧客テーブル]を上書き保存する　　**4** [上書き保存]をクリック

「date()」って何?

手順1の操作3で入力する「date()」は、組み込み関数または関数と呼ばれるものです。「関数」は状況によって違う値を求めるときや、さまざまな計算をするときに使います。Date関数を使えば、現在の日付を表示できます。関数といっても数学のように難しく考える必要はありません。ここでは、「date()」と記述すると現在の日付がフィールドに表示されるということを覚えておいてください。

2 データを入力する

レッスン14を参考に[顧客テーブル]をデータシートビューで表示しておく

顧客ID	顧客の氏名	顧客のシメイ	電話番号	郵便番号	都道府県	住所	登録日
1	戸川 正樹	トガワ マサキ	03-5275-xxxx	102-0075	東京都	千代田区三番町x-x-x	2019年09月01日
2	大和田 正一郎	オオワダ ショウイチロウ	0721-72-xxxx	585-0051	大阪府	南河内郡千早赤阪村x-x-x	2019年09月15日
3	戸川 綾	トガワ アヤ	03-5275-xxxx	102-0075	東京都	千代田区三番町x-x-x	2019年10月15日
4	大木 信行	オオキ ノブユキ	042-922-xxxx	359-1128	埼玉県	所沢市金山町x-x-x	2019年11月10日
5	北条 恵	ホウジョウ メグミ	0465-23-xxxx	250-0014	神奈川県	小田原市城内x-x-x	2019年11月20日
6	小野 信男	オノ ノブオ	052-231-xxxx	460-0013	愛知県	名古屋市中区上前津x-x-x	2019年12月15日
7	青田 良子	アオタ ヨシコ	045-320-xxxx	220-0051	神奈川県	横浜市西区中央x-x-x	2020年01月25日
8	竹井 進	タケイ ススム	055-230-xxxx	400-0014	山梨県	甲府市古府中町x-x-x	2020年02月10日
9	福島 正巳	フクシマ マサミ	047-302-xxxx	273-0035	千葉県	船橋市本中山x-x-x	2020年02月10日
10	岩田 哲也	イワタ テツヤ	075-212-xxxx	604-8301	京都府	中京区二条城町x-x-x	2020年03月01日
11	谷口 博	タニグチ ヒロシ	03-3241-xxxx	103-0022	東京都	中央区日本橋室町x-x-x	2020年03月15日
12	石田 光雄	イシダ ミツオ	06-4791-xxxx	540-0008	大阪府	大阪市中央区大手前x-x-x	2020年03月30日
（新規）							2020年03月30日

1 [登録日]が自動的に入力されていることを確認

x-x-x　2020年03月30日
2020年03月30日

以下のデータを入力する

顧客ID	13	顧客の氏名	上杉 謙一	顧客のシメイ	ウエスギ ケンイチ
		電話番号	0255-24-xxxx	郵便番号	943-0807
		都道府県	新潟県	住所	上越市春日山町x-x-x

Point 既定値を使えばデータの入力を省力化できる

テーブルのフィールドに既定値を設定しておくと、そのフィールドにデータを入力するときに、設定された既定値の内容が自動的に入力されるようになります。このレッスンではDate関数を使って[登録日]フィールドに現在の日付が自動的に入力されるようにしました。このように既定値は、あらかじめ入力されるデータが想定できるときに使うと便利です。

テーブルの使い方をマスターしよう

テーブルはデータベースの最も重要な機能です。データの検索や抽出、印刷といったデータベースの操作は、すべてテーブルに入力されたデータを基に実行されます。テーブルをデザインするときは、テーブルにどのような情報を蓄積すればいいのか、そのためにはどんな名前のフィールドをどのようなデータ型で作ればいいのかを考えましょう。何も考えずにフィールドをどんどん追加していくと、不要な情報がテーブルに含まれてしまうことになります。テーブルを作るときやフィールドを追加するときは、そのフィールドが本当に必要な情報なのか、それはどういった目的で使うのかを考えながら作りましょう。なお、テーブルにどういったフィールドを追加するのかを考えることをテーブルを設計するといいます。この章で解説しているレッスンやHINT!の内容を参考にして、自分が作りたいデータベースのテーブルを設計してみましょう。

テーブルのデータシートビューとデザインビュー

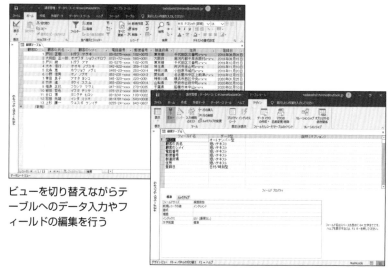

ビューを切り替えながらテーブルへのデータ入力やフィールドの編集を行う

クエリで
情報を抽出する

テーブルからデータを抽出する操作や命令のことを「クエリ」と呼びます。クエリを使えば、データが蓄積されているテーブルからさまざまな条件のレコードを探し出せます。この章では基本的なクエリの作り方や、より複雑な抽出条件の指定方法、並べ替えの方法、集計方法など、クエリの基本について説明します。

クエリの基本を知ろう

クエリの仕組み

クエリを使うと、さまざまな条件でレコードをテーブルから抽出したり、いろいろな集計を実行したりできます。まずはクエリの仕組みを覚えましょう。

Accessでのデータ抽出

データベースでテーブルからデータを抽出する操作や命令のことをクエリと呼びます。以下の例のようにクエリを作成して実行すると、一瞬でテーブルから目的のレコードだけを抜き出せます。また、特定の条件を指定して集計したり、テーブルから必要なフィールドだけを簡単に取り出したりすることもできます。

顧客の一覧から「できる食品」という会社と顧客名、メールアドレスを表示したい

↓

顧客テーブル

ID	氏名	会社名	住所	電話	メール	
	■■■	■■■	■■■	xx-xxx	xxx@xx	◆テーブル
	■■■	■■■	■■■	xx-xxx	xxx@xx	
	■■■	■■■	■■■	xx-xxx	xxx@xx	
	■■■	■■■	■■■	xx-xxx	xxx@xx	

↓ ◆クエリ

できる食品クエリ

ID	氏名	会社名	メール
	荒井夏夫	できる食品	xxx@xx
	小山田秋子	できる食品	xxx@xx
	春本真	できる食品	xxx@xx

テーブルから目的に応じた「クエリ」を使ってデータを抽出する

◆クエリの実行結果

目的に合わせてクエリを作成する

クエリ（Query）とは、質問や問い合わせという意味を持ち、データベースの中核の機能といっても過言ではありません。クエリを使うと、テーブルから特定条件のレコードを抜き出せるほか、テーブルに変更を加えずにレコードを名前順に並べ替えたり、特定の条件でデータを集計したりすることができます。この章では、これまでのレッスンでテーブルに入力してきたデータを使い、まずはクエリの基本となる選択クエリを作っていきます。

◆テーブル

●クエリで抽出　　　●クエリで抽出／並べ替え　　　●クエリで抽出／集計

クエリが実行され、氏名と郵便番号が抽出された

クエリが実行され、氏名で並べ替わった

クエリが実行され、都道府県別に集計された

テーブルから特定のフィールドを選択するには

クエリの作成と実行

クエリを使えば、テーブルから特定のフィールドを抽出できます。このレッスンで解説する、見たいフィールドだけを抽出するクエリを選択クエリといいます。

📄 練習用ファイル　クエリの作成と実行.accdb

このレッスンは
動画で見られます

操作を動画でチェック！▶▶▶

※詳しくは2ページへ

1 新しいクエリを作成する

ここでは、[顧客テーブル] から右のフィールドを抽出する選択クエリを作成する

顧客ID	都道府県
顧客の氏名	住所
郵便番号	

1 [作成]タブをクリック

2 [クエリデザイン]をクリック

新しいクエリが作成され、デザインビューで表示された

◆クエリのデザインビュー

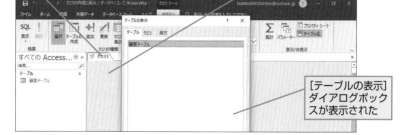

[テーブルの表示] ダイアログボックスが表示された

☼ Hint!

[テーブルの表示] ダイアログボックスを閉じてしまったときは

クエリのデザインビューで [テーブルの表示] ダイアログボックスを閉じてしまったときは、右の手順で [テーブルの表示] ダイアログボックスを表示して、クエリにテーブルを追加しましょう。

1 [クエリツール] の [デザイン] タブをクリック

2 [テーブルの追加] をクリック

---

2 フィールドがあるテーブルを追加する

[テーブルの表示] ダイアログボックスからフィールドを追加するテーブルを選択する

1 [テーブル]タブをクリック

2 [顧客テーブル]をクリック

3 [追加]をクリック

4 [閉じる]をクリック

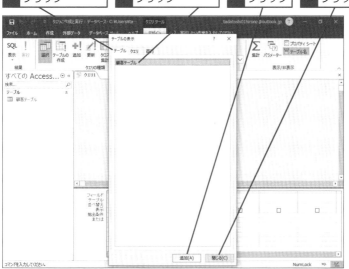

次のページに続く

3 クエリにフィールドを追加する

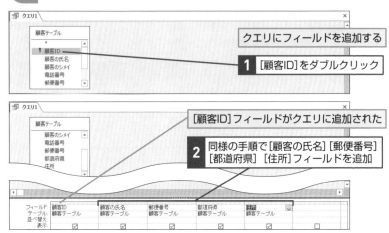

クエリにフィールドを追加する

1 [顧客ID]をダブルクリック

[顧客ID]フィールドがクエリに追加された

2 同様の手順で[顧客の氏名][郵便番号][都道府県][住所]フィールドを追加

フィールド:	顧客ID	顧客の氏名	郵便番号	都道府県	住所	
テーブル:	顧客テーブル	顧客テーブル	顧客テーブル	顧客テーブル	顧客テーブル	
並べ替え:						
表示:	☑	☑	☑	☑	☑	☐

☆Hint!
追加したフィールドを削除するには

クエリに追加したフィールドを削除するには、削除したいフィールドをクリックしてから [クエリツール] の [デザイン] タブにある [列の削除] ボタンをクリックしましょう。また、フィールドの上部をクリックして選択してから Delete キーを押してもフィールドを削除できます。

☆Hint!
フィールドの順番を入れ替えるには

クエリに追加したフィールドの順番を入れ替えるには、以下の手順で操作します。クエリをデザインビューで表示してからフィールドの上部をクリックしてフィールドを選択し、フィールドを右や左にドラッグしましょう。

1 ここにマウスポインターを合わせる

2 そのままクリックして列を選択

3 ここまでドラッグ

フィールド:	顧客ID	顧
テーブル:	顧客テーブル	顧
並べ替え:		
表示:	☑	
抽出条件:		

顧客ID	顧客の氏名	郵便番号
顧客テーブル	顧客テーブル	顧客テーブル
☑	☑	☑

マウスポインターの形が変わった ➡ フィールドの順番が入れ替わる

4 クエリを実行する

必要なフィールドがクエリに すべて追加された	追加したフィールドが正しく表示 されるかどうかを確認する

1 [クエリツール] の
[デザイン] タブを
クリック

2 [実行] を
クリック

クエリに追加した順番でフィールドが データシートビューに表示された	◆クエリのデータ シートビュー

続いて、作成されたクエリを表示
したままレッスン22に進む

Point　選択クエリはクエリの基本

このレッスンではテーブルの氏名や住所だけを見るため、選択クエリを作りました。選択クエリはクエリの基本ともいえるものです。選択クエリは、文字通り見たいフィールドだけを選択するためのクエリです。テーブルにあるフィールドの順番とは関係なく、特定のフィールドを好きな順番にして選択クエリを作れます。以降のレッスンでもこのレッスンで紹介した方法でクエリを作成します。クエリへのテーブルの追加方法やフィールドの追加方法をしっかり覚えておきましょう。

クエリを保存するには

クエリの保存

デザインビューで作ったクエリを保存しておけば、もう一度クエリを作成しなくても、後で何度でもデータを表示できます。[上書き保存]でクエリを保存しましょう。

⊞ショートカットキー [Ctrl]+[S]……上書き保存

1 クエリを保存する

| レッスン21で作成したクエリを保存する | 1 [上書き保存]をクリック | 🔡 |

| [名前を付けて保存]ダイアログボックスが表示された | クエリの名前を変更する |

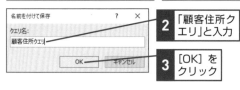

2 「顧客住所クエリ」と入力

3 [OK]をクリック

> 注意 すでに保存されているクエリを上書き保存するときは、[名前を付けて保存]ダイアログボックスは表示されません

⭐Hint!

保存しないで閉じるとダイアログボックスが表示される

クエリの編集中に、デザインビューを閉じたり、Accessを終了したりしようとすると「'○○'クエリの変更を保存しますか?」というメッセージがダイアログボックスで表示されます。[はい]ボタンをクリックすれば、編集中のクエリを保存できます。

2 [顧客住所クエリ] を閉じる

| クエリが保存された | [顧客住所クエリ]と表示された |

| ナビゲーションウィンドウにも
保存されたクエリが表示される | **1** ['顧客住所クエリ'を
閉じる]をクリック | ✕ |

| クエリが閉じ
られた | [顧客住所クエリ] をダブルクリックすると、保存した
クエリがデータシートビューで表示される |

Point 保存したクエリは何回でも使える

作成したクエリは、保存しておくことで何度でも利用できます。保存したクエリを開けば、もう一度クエリを作らなくても、クエリの実行結果をデータシートビューで確認できます。詳しくは、レッスン44で解説しますが、保存したクエリからレポートを作成すれば、特定の条件で抽出したレコードだけを印刷できます。後でクエリを使うときのことを考えて、分かりやすい名前で保存しましょう。

データの順番を並べ替えるには

並べ替え

クエリを使うと、特定のフィールドを基準にしてレコードの並べ替えができます。[顧客のシメイ]フィールドを利用して、氏名の五十音順に並べ替えてみましょう。

📋 練習用ファイル　並べ替え.accdb

1 新しいクエリを作成する

ここでは、[顧客のシメイ]フィールドで
昇順に並べ替える

レッスン21を参考に、[顧客テーブル]にある
すべてのフィールドを追加しておく

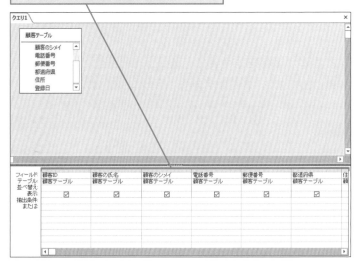

2 並べ替えのためのフィールドを追加する

レコードを氏名の五十音順に並べ替えるために、もう一度[顧客のシメイ]フィールドをクエリに追加する

1 ここを右にドラッグしてスクロール

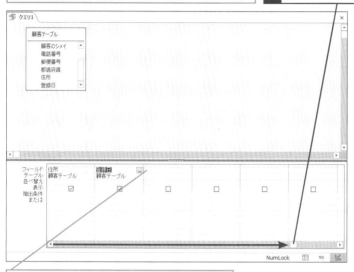

[登録日]の右の列が表示されるまでドラッグする

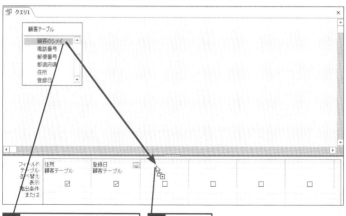

2 [顧客のシメイ]にマウスポインターを合わせる

3 ここまでドラッグ

次のページに続く

3 並び順を設定する

並べ替えに使う[顧客のシメイ]フィールドが追加された

1 [顧客のシメイ]フィールドの[並べ替え]をクリック

2 ここをクリック

フィールド:	住所	登録日	顧客のシメイ			
テーブル:	顧客テーブル	顧客テーブル	顧客テーブル			
並べ替え:			昇順 / 降順 / (並べ替えなし)			
表示:	☑	☑		☐	☐	☐
抽出条件:						
または:						

NumLock

ここでは氏名の五十音順に並べ替えるので、[昇順]を選択する

3 [昇順]をクリック

並べ替えに利用した[顧客のシメイ]フィールドがクエリの実行結果に表示されないようにする

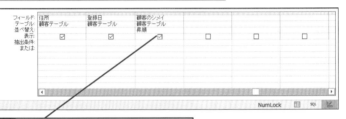

フィールド:	住所	登録日	顧客のシメイ			
テーブル:	顧客テーブル	顧客テーブル	顧客テーブル			
並べ替え:			昇順			
表示:	☑	☑	☑	☐	☐	☐
抽出条件:						
または:						

NumLock

4 [顧客のシメイ]フィールドの[表示]をクリックしてチェックマークをはずす

⭘ Hint!

複数のフィールドで並べ替えたいときは

複数のフィールドで並べ替えるには、並べ替えをしたいフィールドを追加して、[並べ替え]で[昇順]か[降順]を設定してから[表示]のチェックマークをはずします。複数のフィールドで並べ替えるときは、左側のフィールドの優先順位が高く、右側のフィールドの優先順位が低くなります。

4 クエリを実行する

設定した順番に正しく並べ替わって
いるかどうかを確認する

1 [クエリツール]の[デザイン]
タブをクリック

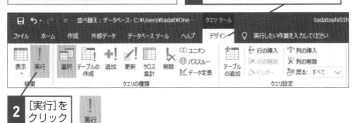

2 [実行]を
クリック

[顧客のシメイ] フィールドを基準にして、すべての
レコードが五十音順に並べ替えられた

3 「顧客シメイ並べ替えクエリ」と
いう名前でクエリを保存

 レッスン22を参考にクエリを
閉じておく

Point レコードを昇順や降順で並べ替えできる

クエリを使ってレコードを並べ替えるときは、対象のフィールドと
並べ替えの方向を指定します。昇順はフィールドに含まれている値
の小さい順番に、降順はフィールドに含まれている値の大きい順番
でレコードが並びます。並べ替えの対象にするフィールドはどんな
データ型に設定していても構いません。しかし、データ型によって
は、意図した順番にレコードが並ばないこともあるので注意しま
しょう。

条件に一致するデータを抽出するには

抽出条件

クエリを使って、条件に一致したレコードを表示してみましょう。ここでは [顧客テーブル] から「東京都」に一致したレコードを表示するクエリを作成します。

📄 練習用ファイル 抽出条件.accdb

1 新しいクエリを作成する

ここでは [都道府県] フィールドに「東京都」と入力されているレコードを抽出する	レッスン21を参考にクエリを作成して、[顧客テーブル] から右のフィールドを追加しておく

顧客ID	都道府県
顧客の氏名	住所
郵便番号	

フィールド:	顧客ID	顧客の氏名	郵便番号	都道府県	住所	
テーブル:	顧客テーブル	顧客テーブル	顧客テーブル	顧客テーブル	顧客テーブル	
並べ替え:						
表示:	☑	☑	☑	☑	☑	☐
抽出条件:				東京都		
または:						

1	[都道府県] フィールドの [抽出条件] をクリック	2	「東京都」と入力	3	Enter キーを押す

フィールド:	顧客ID	顧客の氏名	郵便番号	都道府県	住所
テーブル:	顧客テーブル	顧客テーブル	顧客テーブル	顧客テーブル	顧客テーブル
並べ替え:					
表示:	☑	☑	☑	☑	
抽出条件:				"東京都"	
または:					

自動的に書式が補われて「"東京都"」と表示された

👉 Hint!

「一致しないデータ」を抽出するには

抽出条件の先頭に「Not」を付けると、条件に一致しないレコードを抽出できます。

郵便番号	都道府県	住所
顧客テーブル	顧客テーブル	顧客テーブル
☑		☑
	Not "東京都"	

1 [抽出条件]に「Not 東京都」と入力

「Not」と「東京都」の間には半角の空白を入力する

2 クエリを実行する

設定した条件で正しくレコードが
抽出されるかどうかを確認する

1 [クエリツール]の[デザイン]
タブをクリック

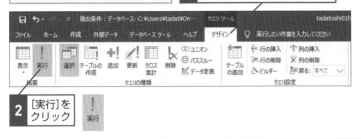

2 [実行]を
クリック

[都道府県]フィールドに「東京都」と入力されて
いるレコードが表示された

ここに抽出したレコードの
件数が表示される

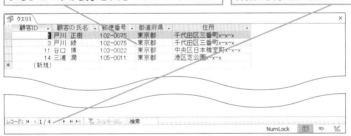

3 「東京都顧客クエリ」という
名前でクエリを保存

 レッスン22を参考にクエリを
閉じておく

Point 抽出条件と完全に一致するレコードが
表示される

このレッスンで紹介したように [抽出条件] に文字列を入力すると、
フィールドの内容が文字列と完全に一致するレコードが抽出されま
す。ただし、[都道府県] フィールドのデータに「 東京都」「東京
都 」などと空白が含まれているときや「東京都千代田区」のよう
に「東京都」以外の文字が入力されているときは、抽出条件の「東
京都」と完全に一致しないため、レコードが正しく抽出されません。

あいまいな条件でデータを抽出するには

ワイルドカード

[住所] フィールドのデータが「千代田区」で始まるレコードを抽出してみましょう。抽出条件に「*」を使うと、あいまいな条件でレコードを抽出できます。

📄 練習用ファイル　ワイルドカード.accdb

1 ワイルドカードを使った抽出条件を設定する

レッスン21を参考にクエリを作成して、[顧客テーブル]から右のフィールドを追加しておく

顧客ID	都道府県
顧客の氏名	住所
郵便番号	

ここでは「『千代田区』から始まる」という抽出条件を設定する

フィールド:	顧客ID	顧客の氏名	郵便番号	都道府県	住所	
テーブル:	顧客テーブル	顧客テーブル	顧客テーブル	顧客テーブル	顧客テーブル	
並べ替え:						
表示:	☑	☑	☑	☑	☑	☐
抽出条件:					千代田区*	
または:						

1 [住所] フィールドの [抽出条件] をクリック	**2** 「千代田区」と入力	**3** 続けて半角文字の「*」を入力	**4** Enter キーを押す

フィールド:	顧客ID	顧客の氏名	郵便番号	都道府県	住所	
テーブル:	顧客テーブル	顧客テーブル	顧客テーブル	顧客テーブル	顧客テーブル	
並べ替え:						
表示:	☑	☑	☑	☑	☑	☐
抽出条件:					Like "千代田区*"	
または:						

自動的に書式が補われて「Like"千代田区*"」と表示された

☆ Hint!

ワイルドカードの種類を覚えておこう

手順1で入力する「*」をワイルドカードといいます。ほかにも「?」や「#」のワイルドカードを使うと抽出の幅が広がるので意味や使い方を覚えておきましょう。

入力例	抽出結果の例
01*	011、01ab、01-001
???県	和歌山県、鹿児島県
#1	11、21、31、41、51

2 クエリを実行する

設定した条件で正しくレコードが抽出されるかどうかを確認する

1 [クエリツール]の[デザイン]タブをクリック

2 [実行]をクリック

[住所]フィールドに「千代田区」で始まるデータが入力されているレコードが表示された

3 「千代田区顧客クエリ」という名前でクエリを保存

顧客ID	顧客の氏名	郵便番号	都道府県	住所
1	戸川 正樹	102-0075	東京都	千代田区三番町x-x-x
3	戸川 綾	102-0075	東京都	千代田区三番町x-x-x
*	(新規)			

レッスン22を参考にクエリを閉じておく

⚠ 間違った場合は?

手順2でクエリを実行しても何もレコードが表示されないときは、抽出条件の指定が間違っています。クエリをデザインビューで表示してから、手順1を参考にして正しい抽出条件を入力し直しましょう。

Point ワイルドカードを使いこなそう

手順1で入力した「*」はワイルドカードといって、0文字以上の文字列と一致するという意味を持ちます。このレッスンでは「千代田区*」と入力することで、[住所]フィールドの中で「千代田区」で始まるレコードを抽出しています。「*」を使うと、そのほかにも「〜で終わる」という条件や「〜を含む」という条件でレコードを抽出できます。例えば「*神保町」と指定すると「神保町」で終わるレコードを、「*千代田*」と指定すると「千代田」が含まれるレコードを抽出できます。

特定の日付以降のデータを抽出するには

比較演算子

[登録日] フィールドのデータが「2020年2月1日以降」のレコードを抽出してみましょう。以降や以前といった条件で抽出するには、比較演算子を使います。

📄 練習用ファイル　比較演算子.accdb

1 日付を指定した抽出条件を設定する

ここでは、[登録日] フィールドに入力されている日付が、「2020/02/01」以降のレコードを抽出する	レッスン21を参考にクエリを作成して、[顧客テーブル] から右のフィールドを追加しておく	顧客ID	登録日
		顧客の氏名	

フィールド	顧客ID	顧客の氏名	登録日			
テーブル	顧客テーブル	顧客テーブル	顧客テーブル			
並べ替え						
表示	☑	☑	☑	☐	☐	☐
抽出条件			>=2020/02/01			
または						

1 [登録日] フィールドの [抽出条件] をクリック

2 「>=2020/02/01」と入力

すべて半角文字で入力する

3 Enter キーを押す

フィールド	顧客ID	顧客の氏名	登録日			
テーブル	顧客テーブル	顧客テーブル	顧客テーブル			
並べ替え						
表示	☑	☑	☑	☐	☐	☐
抽出条件			>=#2020/02/01#			
または						

自動的に書式が補われて「>=#2020/02/01#」と表示された

�‐Ö‐ Hint!

データ型ごとに値の表記は異なる

手順1で日付を入力すると、文字列の前後に「#」が自動的に付きます。「#」で囲まれた文字列は日付型の値という意味になります。同様に「"」で囲まれた文字列は文字型の値という意味に、何も伴わない数値は「数値型の値」という意味になります。例えば、["100"] は100という数値ではなく、100という文字列を表します。

2 クエリを実行する

設定した条件で正しくレコードが抽出されるかどうかを確認する

1 [クエリツール]の[デザイン]タブをクリック

2 [実行]をクリック

[登録日] フィールドに入力されている日付が、「2020/02/01」以降のレコードが表示された

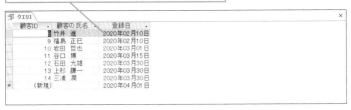

顧客ID	顧客の氏名	登録日
3	竹井 進	2020年02月10日
9	福島 正巳	2020年02月10日
10	岩田 哲也	2020年03月01日
11	谷口 博	2020年03月15日
12	石田 光雄	2020年03月30日
13	上杉 謙一	2020年03月30日
14	三浦 潤	2020年03月30日
(新規)		2020年04月01日

3 「2月以降登録の顧客クエリ」という名前でクエリを保存

レッスン22を参考にクエリを閉じておく

Point 比較演算子で抽出の幅が広がる

クエリを使うと数値や日付を比較してデータを抽出できます。データを比較して抽出するには、比較演算子を使います。比較演算子を使うと、このレッスンで紹介しているように特定の日付以降のデータを抽出するだけではなく、「売上金額が100万円以下の商品」や「指定された顧客名以外の」といった条件でもデータを抽出できます。比較演算子はクエリでよく使われるため、使い方を覚えておきましょう。

抽出条件を
直接指定するには
パラメータークエリ

あらかじめ指定した値で抽出するのではなく、クエリの実行
時に抽出条件の値を入力することもできます。都道府県を
入力してレコードを抽出してみましょう。

📄 練習用ファイル パラメータークエリ.accdb

1 パラメータークエリを設定する

クエリの実行時に抽出条件を指定できる、パラメータークエリを作成する	レッスン21を参考にクエリを作成して、[顧客テーブル] から右のフィールドを追加しておく	顧客ID	都道府県
		顧客の氏名	住所
		郵便番号	

1 [都道府県]フィールドの[抽出条件]をクリック

2 「[都道府県を入力してください]」と入力

「[」と「]」は必ず半角文字で入力する

3 Enter キーを押す

2 クエリを実行する

作成したパラメータークエリを実行する

1 [クエリツール]の[デザイン]タブをクリック

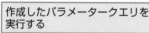

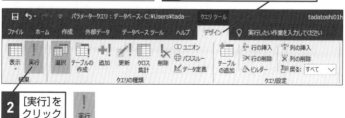

2 [実行]をクリック

3 抽出条件を入力する

[パラメーターの入力]ダイアログ
ボックスが表示された

手順1で入力したメッセージが
表示される

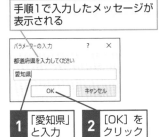

| 1 | 「愛知県」と入力 | 2 | [OK]をクリック |

△ 間違った場合は?

手順3で[パラメーターの入力]ダ
イアログボックスが表示されなかっ
たり、手順4でエラーが表示された
りしたときは、抽出条件の指定が間
違っています。クエリをデザイン
ビューで表示して、「[」や「]」など
の記号が半角で入力されているかど
うかなどを確認して、再度手順1か
ら操作をやり直しましょう。

4 クエリの実行結果が表示された

[都道府県]フィールドに「愛知県」と入力
されているレコードが表示された

| 1 | 「県名指定クエリ」という名前でクエリを保存 | |

顧客ID	顧客の氏名	郵便番号	都道府県	住所
1	小野 信男	460-0013	愛知県	名古屋市中区上前津x-x-x
(新規)				

レッスン22を参考に
クエリを閉じておく

Point クエリを便利にするパラメータークエリ

「[都道府県]フィールドに『東京都』と入力されたレコードを抽出
する」というように、クエリには抽出条件と値を記述するのが一般
的です。しかし、「[都道府県]フィールドに『大阪府』と入力され
たレコードを抽出する」というときに新しいクエリを作るのは面倒
です。このように、抽出条件の値だけが違うレコードを抽出すると
きは、パラメータークエリを作っておきましょう。パラメータ―ク
エリを使えば、クエリの実行時に表示される[パラメーターの入力]
ダイアログボックスに値を入力するだけで、目的のレコードを抽出
できます。

レッスン

28

登録日と都道府県で
データを抽出するには

クエリのデザインビュー、And条件

「2020年2月1日以降に登録され、かつ、東京都に住んでいる顧客」のレコードを抽出してみましょう。「AかつB」という抽出をしたいときは、And条件を使います。

📄 練習用ファイル　クエリのデザインビュー、And条件.accdb

第3章 クエリで情報を抽出する

1 1つ目の抽出条件を設定する

ここでは、[登録日] フィールドが「2020/02/01」以降で、[都道府県] フィールドに [東京都] と入力されているレコードを抽出する

レッスン21を参考にクエリを作成して、[顧客テーブル] から右のフィールドを追加しておく

顧客ID	都道府県
顧客の氏名	住所
郵便番号	登録日

フィールド:	顧客ID	顧客の氏名	郵便番号	都道府県	住所	登録日
テーブル:	顧客テーブル	顧客テーブル	顧客テーブル	顧客テーブル	顧客テーブル	顧客テーブル
並べ替え:						
表示:	☑	☑	☑	☑	☑	☑
抽出条件:						>=2020/02/01
または:						

1 [登録日] フィールドの [抽出条件] をクリック

2 「>=2020/02/01」と入力

すべて半角文字で入力する

3 Enter キーを押す

2 クエリを実行する

フィールドに入力されている日付が「2020/02/01以降」のレコードが抽出されるかどうかを確認する

1 [クエリツール]の[デザイン]タブをクリック

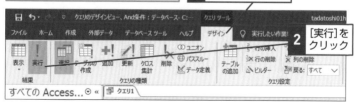

2 [実行]をクリック

3 クエリの実行結果が表示された

[登録日] フィールドに入力されている日付が「2020
年2月1日以降」のレコードが表示された

顧客ID	顧客の氏名	郵便番号	都道府県	住所	登録日
8 竹井 進		400-0014	山梨県	甲府市古府中町x-x-x	2020年02月10日
9 福島 正巳		273-0035	千葉県	船橋市本中山x-x-x	2020年02月10日
10 岩田 哲也		604-8301	京都府	中京区二条城町x-x-x	2020年03月01日
11 谷口 博		103-0022	東京都	中央区日本橋室町x-x-x	2020年03月15日
12 石田 光雄		540-0008	大阪府	大阪市中央区大手前x-x-x	2020年03月30日
13 上杉 謙一		943-0807	新潟県	上越市春日山町x-x-x	2020年03月30日
14 三浦 潤		105-0011	東京都	港区芝公園x-x-x	2020年03月30日
* (新規)					2020年04月01日

⚠ 間違った場合は?

手順2でクエリを実行しても手順3で何もレコードが表示されないときや、
条件に合わないレコードが抽出されたときは抽出条件が間違っています。手
順4を参考に、クエリをデザインビューで表示し、手順1を参考にして正し
い抽出条件を入力し直しましょう。

4 クエリのデザインビューを表示する

抽出条件を追加するので、デザインビューを表示する

1 [ホーム] タブをクリック

2 [表示] をクリック

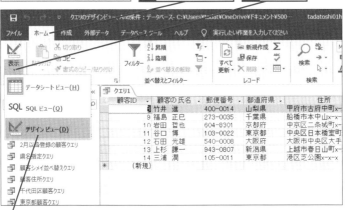

3 [デザインビュー] をクリック

次のページに続く

5 2つ目の抽出条件を追加

| クエリがデザインビューで表示された | | [都道府県]フィールドに「東京都」と入力されているレコードの抽出条件を追加する |

1	[都道府県]フィールドの[抽出条件]をクリック
2	「東京都」と入力
3	Enter キーを押す

[都道府県]フィールドに抽出条件が追加された

Hint!

入力の途中でオブジェクト名が表示された場合は

抽出条件の入力途中でテーブルやクエリなどのオブジェクト名が自動的に表示されることがあります。これはインテリセンスと呼ばれる入力支援機能で、入力した文字列に似たオブジェクトが表示される仕組みです。ただし、本書では、オブジェクト名を直接入力するという使い方はしないので、インテリセンスで表示されるオブジェクト名は無視して構いません。

条件の入力中に似たオブジェクトが入力候補に表示された

文字列の入力を確定してから Esc キーを押すと、入力候補を非表示にできる

6 再びクエリを実行する

And条件を設定したクエリでレコードが抽出されるかどうかを確認する

1 [クエリツール]の[デザイン]タブをクリック

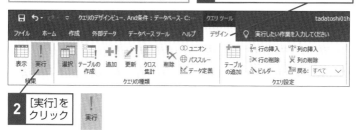

2 [実行]をクリック

[登録日]フィールドが「2020/02/01以降」で、[都道府県]フィールドに「東京都」と入力されているレコードが表示された

3 「2月以降登録の東京都顧客クエリ」という名前でクエリを保存

レッスン22を参考にクエリを閉じておく

Point 条件を1つずつ絞り込んで抽出しよう

And条件を使うときは、一度に条件を記述するのではなく、このレッスンのように条件を1つずつ指定して、抽出されるレコードを絞り込むようにしましょう。複数のフィールドでAndを使った抽出条件を設定するときには、「抽出条件を間違えてクエリの実行結果が正しく表示されない」という間違いが起きることがあります。抽出がうまくいかないときは、1つずつ抽出条件を設定し、クエリの実行結果を確認します。そうすれば抽出条件を間違わずに確実に設定できます。

複数の都道府県でデータを抽出するには

Or条件

[都道府県] フィールドに入力されているデータが「大阪府」または「京都府」のレコードを抽出します。「AまたはB」で抽出するには、Or条件を使いましょう。

📄 練習用ファイル Or条件.accdb

1 抽出条件を設定する

ここでは、[都道府県] フィールドに「大阪府」または「京都府」と入力されているレコードを抽出する	レッスン21を参考にクエリを作成して、[顧客テーブル] から右のフィールドを追加しておく		
		顧客ID	都道府県
		顧客の氏名	住所
		郵便番号	

1	[都道府県] フィールドの[抽出条件]をクリック	2	[抽出条件]に「大阪府」と入力	3	Enter キーを押す

4	[都道府県] フィールドの[抽出条件]に入力されている"大阪府"の右をクリック	5	半角の空白文字と「or」を入力

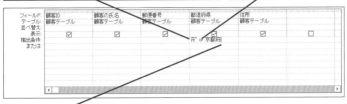

6	半角の空白文字と「京都府」を入力	7	Enter キーを押す

2 クエリを実行する

Or条件を設定したクエリでレコードが抽出されるかどうか確認する	**1** [クエリツール]の[デザイン]タブをクリック

2 [実行]をクリック

[都道府県]フィールドに「大阪府」または、「京都府」と入力されているレコードが表示された

顧客ID	顧客の氏名	郵便番号	都道府県	住所
2	大和田 正一郎	585-0051	大阪府	南河内郡千早赤阪村x-x-x
10	岩田 哲也	604-8301	京都府	中京区二条城町x-x-x
12	石田 光雄	540-0008	大阪府	大阪市中央区大手前x-x-x
(新規)				

3 「大阪府・京都府顧客クエリ」という名前でクエリを保存	💾	レッスン22を参考にクエリを閉じておく

Point Or条件は「加える」と考えると分かりやすい

Or条件のクエリを実行するときも、レッスン28で紹介したように、条件を1つずつ指定すると混乱しません。And条件はレコードが絞り込まれていくのに対して、Or条件のクエリの実行結果は、始めに絞り込んだ条件のレコードに、新たな条件のレコードが加えられるという働きをします。例えば、「[都道府県]フィールドが『東京都』または『大阪府』」のレコードを抽出するときは、「まず『東京都』のレコードを抽出してから、それに『大阪府』で抽出したレコードを加える」と考えると分かりやすくなるでしょう。

登録日と複数の都道府県で データを抽出するには

And条件とOr条件の組み合わせ

And条件とOr条件を組み合わせて使うと、より複雑な条件でレコードを抽出できます。[登録日] と [都道府県] フィールドの条件を組み合わせて抽出しましょう。

📄 練習用ファイル　And条件とOr条件の組み合わせ.accdb

1 抽出条件を設定する

ここでは、[都道府県] フィールドに「東京都」または「神奈川県」と入力されていて、かつ [登録日] フィールドに入力されている日付が「2020/01/31以前」のレコードを抽出する

レッスン21を参考にクエリを作成して、[顧客テーブル]から右のフィールドを追加しておく	

顧客ID	都道府県
顧客の氏名	住所
郵便番号	登録日

フィールド:	顧客ID	顧客の氏名	郵便番号	都道府県	住所	登録日
テーブル:	顧客テーブル	顧客テーブル	顧客テーブル	顧客テーブル	顧客テーブル	顧客テーブル
並べ替え:						
表示:	☑	☑	☑		☑	☑
抽出条件:				5 or 神奈川県		
または:						

1 [都道府県] フィールドの [抽出条件]をクリック

2 「東京都 or 神奈川県」と入力

「or」の前後には、必ず半角文字の空白を入力する

3 Enter キーを押す

フィールド:	顧客ID	顧客の氏名	郵便番号	都道府県	住所	登録日
テーブル:	顧客テーブル	顧客テーブル	顧客テーブル	顧客テーブル	顧客テーブル	顧客テーブル
並べ替え:						
表示:	☑	☑	☑		☑	☑
抽出条件:				"東京都" Or "神奈川		<=2020/01/31
または:						

4 「<=2020/01/31」と入力

すべて半角文字で入力する

5 Enter キーを押す

2 クエリを実行する

And条件とOr条件を設定したクエリでレコードが抽出されるかどうかを確認する

1 [クエリツール]の[デザイン]タブをクリック

2 [実行]をクリック

[都道府県]フィールドに「東京都」または「神奈川県」と入力されていて、[登録日]フィールドに入力されている日付が「2020/01/31以前」のレコードが表示された

顧客ID	顧客の氏名	郵便番号	都道府県	住所	登録日
1	戸川 正樹	102-0075	東京都	千代田区三番町x-x-x	2019年09月01日
3	戸川 綾	102-0075	東京都	千代田区三番町x-x-x	2019年10月15日
5	北条 恵	250-0014	神奈川県	小田原市城内x-x-x	2019年11月20日
7	青田 良子	220-0051	神奈川県	横浜市西区中央x-x-x	2020年01月25日
(新規)					2020年04月01日

3 「2月以前登録の首都圏顧客クエリ」という名前でクエリを保存

レッスン22を参考にクエリを閉じておく

Point OrとAndを組み合わせて条件を指定できる

「[都道府県]が『東京都』または『神奈川県』」かつ、「[登録日]が『指定した年月日以前』」の顧客といった条件には、またはとかつの両方の条件があるため、Or条件とAnd条件を組み合わせて使います。まず始めに「Or」で「東京都」の抽出結果に「神奈川県」の抽出結果を加えましょう。その結果を確認してから「登録日が指定した年月日以前」のレコードを「And」で絞り込むようにします。このように、Or条件を使った大きなまとまりから、And条件を使って小さなまとまりへと絞り込むと、抽出条件を分かりやすく設定できます。

一定期間内のデータを抽出するには

期間指定

「ある日付から別の日付までの期間に登録した顧客」のレコードを抽出してみましょう。期間でレコードを抽出するには、比較演算子とAnd条件を使います。

📄 練習用ファイル **期間指定.accdb**

1 抽出条件を設定する

ここでは、[登録日] フィールドに入力されている日付が「2020/01/01」から「2020/03/31」までのレコードを抽出する

レッスン21を参考にクエリを作成して、[顧客テーブル]から右のフィールドを追加しておく

顧客ID	登録日
顧客の氏名	

フィールド:	顧客ID	顧客の氏名	登録日		
テーブル:	顧客テーブル	顧客テーブル	顧客テーブル		
並べ替え:					
表示:	☑	☑	☑	☐	☐
抽出条件:			>=2020/01/01		
または:					

1 [登録日] フィールドの [抽出条件]をクリック

2 「>=2020/01/01」と入力

すべて半角文字で入力する

3 Enter キーを押す

「>=#2020/01/01#」と入力されている抽出条件はそのまま残しておく

[登録日] フィールドの幅を広げておく

4 [登録日] フィールドの [抽出条件] に入力されている「>=#2020/01/01#」の右をクリック

5 半角の空白文字と「and」を入力

フィールド:	顧客ID	顧客の氏名	登録日		
テーブル:	顧客テーブル	顧客テーブル	顧客テーブル		
並べ替え:					
表示:	☑	☑	☑	☐	☐
抽出条件:			>=#2020/01/01# and <=2020/03/31		
または:					

6 続けて半角の空白文字を入力してから「<=2020/03/31」と入力

7 Enter キーを押す

2 クエリを実行する

設定した条件で正しくレコードが抽出されるかどうかを確認する	**1** [クエリツール]の[デザイン]タブをクリック

| **2** [実行]をクリック | |

[登録日]フィールドに入力されている日付が「2020/01/01」から「2020/03/31」までのレコードが表示された

| **3** 「2020年第1四半期登録顧客クエリ」という名前でクエリを保存 | | レッスン22を参考にクエリを閉じておく |

Point 期間や数値の範囲の考え方

このレッスンのように「2020年1月1日から2020年3月31日まで」というような期間や、「10から100まで」というような範囲の抽出は「2020年1月1日以降で、かつ、2020年3月31日以前」や「10以上で、かつ、100以下」というように「AかつB」といい換えることができます。つまり、以上（>=）、以下（<=）といった比較演算子とAnd条件を使えば「2020年1月1日から2020年3月31日まで」は「>=#2020/01/01# And <=#2020/03/31#」と表現できるのです。

都道府県別にデータの数を集計するには

集計

クエリでは、集計などの計算も簡単に実行できます。このレッスンでは、[顧客テーブル]にあるレコードを都道府県別に集計し、個数を確認しましょう。

📄 練習用ファイル **集計.accdb**

1 集計行を表示する

ここでは、各都道府県のレコード数を集計する	レッスン21を参考にクエリを作成して、[顧客テーブル]から[都道府県]フィールドを2つ追加しておく

1 [クエリツール]の[デザイン]タブをクリック	**2** [集計]をクリック

💡 Hint!

数値型フィールドを集計してみよう

このレッスンでは、[短いテキスト]に設定されているフィールドを利用して、都道府県ごとのレコード数を調べるクエリを作成していますが、集計の対象となるフィールドのデータ型が[数値型]のときは、合計や平均、最大、最小などの集計もできることを覚えておきましょう。例えば、「商品名」という名前の文字型フィールドと「金額」という名前の数値型フィールドのテーブルで集計する場合に「商品名」でグループ化したクエリを作れば、商品ごとの合計金額や最大金額、最小金額を集計できます。

2 集計方法を選択する

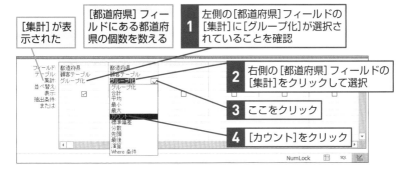

[集計]が表示された

[都道府県]フィールドにある都道府県の個数を数える

1 左側の[都道府県]フィールドの[集計]に[グループ化]が選択されていることを確認

2 右側の[都道府県]フィールドの[集計]をクリックして選択

3 ここをクリック

4 [カウント]をクリック

3 クエリの実行結果を確認する

レッスン21を参考にクエリを実行しておく

都道府県別のレコード数が表示された

都道府県	都道府県の
愛知県	1
京都府	1
埼玉県	1
山梨県	1
新潟県	1
神奈川県	2
千葉県	1
大阪府	2
東京都	4

1 「都道府県別顧客数集計クエリ」という名前でクエリを保存

⚠️ 間違った場合は?

手順2で正しい集計結果が表示されないときは、集計方法の設定が間違っています。クエリをデザインビューで表示してから手順1を参考に集計方法を設定し直しましょう。

Point どのまとまりで集計するのかを決める

フィールドを集計するときは、どのようなまとまりで、何を集計するのかを決めておきましょう。まとまりを作ることをグループ化といい、[都道府県]をグループ化すると、[都道府県]に同じ値を持つものがグループとして集計の単位になります。カウントとは、グループにレコードがいくつあるのかを集計するもので、このレッスンの例では都道府県ごとのレコード数が表示されます。

クエリを使ってデータベースを活用しよう

テーブルに入力されたすべてのデータを対象に作業することは、データベースでは非常にまれです。テーブルのデータから特定条件のデータを抽出したり、特定の条件でデータを集計したりする作業には、この章で紹介したクエリを利用します。例えば、3万件のデータが入力された顧客台帳のテーブルがあるとします。このテーブルに含まれているすべての顧客にダイレクトメールを送るといったことは現実的ではありません。通常は、「前回の商品を購入してから1年が経過した顧客にだけダイレクトメールを送りたい」とか「顧客の住所が東京都の人だけにダイレクトメールを送る」というように、テーブルから特定の条件で抽出したデータに対して、アクションを起こすことが一般的です。そのようなときこそクエリの出番です。クエリを使えば、考えられるさまざまな条件を指定して、膨大な情報が含まれたテーブルから瞬時にデータの一部を取り出せます。

デザインビューでクエリを作成する

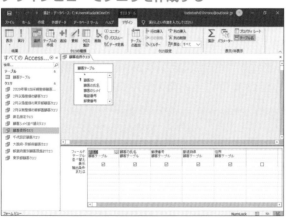

テーブルにあるフィールドを選択して、さまざまな条件を
設定することで、目的のデータを瞬時に抽出できる

第 **4** 章

フォームから
データを入力する

フォームを使うとテーブルへのデータ入力が楽になります。この章では [作成] タブの [フォーム] ボタンを使って簡単にフォームを作る方法や、より使いやすいフォームにするために、フォームを編集する方法を紹介します。

フォームの基本を知ろう

フォームの仕組み

フォームを作っておけば、データシートビューで入力するよりも楽にデータを入力できるようになります。このレッスンでは、フォームの仕組みを紹介します。

フォームとは

フォームとは、テーブルにデータを入力するための専用の画面のことです。基本編の第2章で紹介したように、テーブルのデータシートビューでもデータの入力はできます。しかし、右下の画面のようにフィールドの数が多くなると、レコードが長くなって画面に収まらなくなり、効率よくデータを入力できません。しかし、入力専用のフォームを利用すれば、どこに何のデータを入力すればいいのかがよく分かり、データの入力がぐっと楽になります。

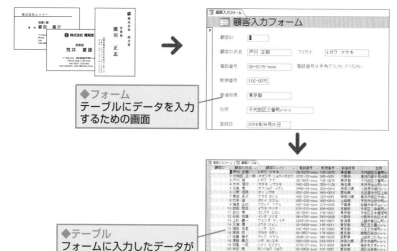

◆フォーム
テーブルにデータを入力するための画面

◆テーブル
フォームに入力したデータがテーブルに保存される

フォームの作成とデータの入力

この章では、顧客の氏名やフリガナ、連絡先や登録日などを入力するための［顧客入力フォーム］を作成します。まず、2つのビューを切り替えてフォームを利用することを覚えておきましょう。フォームビューは「データを入力する画面」で、デザインビューは「フォームの作成や編集を行う画面」です。

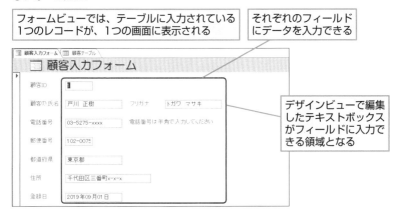

●フォームビュー

> フォームビューでは、テーブルに入力されている1つのレコードが、1つの画面に表示される

> それぞれのフィールドにデータを入力できる

> デザインビューで編集したテキストボックスがフィールドに入力できる領域となる

●デザインビュー

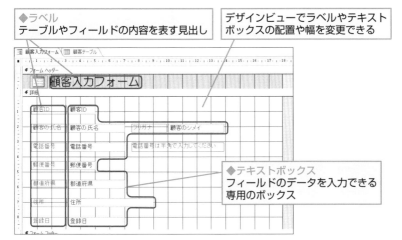

> ◆ラベル
> テーブルやフィールドの内容を表す見出し

> デザインビューでラベルやテキストボックスの配置や幅を変更できる

> ◆テキストボックス
> フィールドのデータを入力できる専用のボックス

データを入力する
フォームを作るには

フォームの作成

[顧客テーブル] へデータを入力するためのフォームを作りましょう。[作成] タブの [フォーム] ボタンを使うと、簡単にフォームを作ることができます。

📄 練習用ファイル　フォームの作成.accdb

1 新しいフォームを作成する

レッスン8を参考に [フォームの 作成.accdb] を開いておく	[顧客テーブル] から フォームを作成する

1 [作成]タブを クリック	**2** [顧客テーブル]を クリック	**3** [フォーム] を クリック	 フォーム

新しいフォームが作成され、 レイアウトビューで表示された	◆レイアウト ビュー	[顧客テーブル] に入力されて いる1件目のレコードが表示 された

2 フォームを保存する

作成したフォームに名前を付けて保存する

1 [上書き保存]をクリック

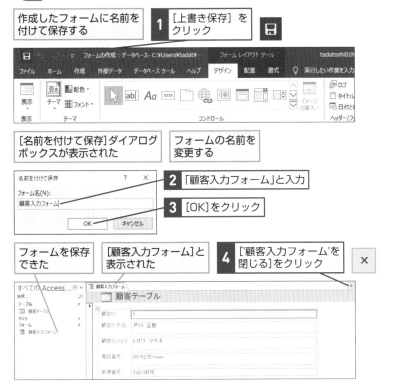

[名前を付けて保存]ダイアログボックスが表示された

フォームの名前を変更する

名前を付けて保存

フォーム名(N):
顧客入力フォーム

2 「顧客入力フォーム」と入力

3 [OK]をクリック

OK　キャンセル

フォームを保存できた

[顧客入力フォーム]と表示された

4 ['顧客入力フォーム'を閉じる]をクリック

Point フォームはデータ入力のための機能

このレッスンでは、[顧客テーブル]を利用して新しいフォームを作成しました。テーブルを選んでフォームを作成すると、1つのレコードが1画面に表示されます。第2章では、テーブルをデータシートビューで表示して顧客データを入力する方法を紹介しました。フォームを利用すれば、データシートビューを使うよりもデータを入力しやすくなります。

フォームから
データを入力するには

フォームを使った入力

このレッスンでは、フォームを利用して新しい顧客データを
入力する方法を紹介します。

🗐 練習用ファイル　フォームを使った入力.accdb

⌨ ショートカットキー　Ctrl + + ……レコードの新規作成

1 新しいレコードを作成する

レッスン34を参考に [顧客入力フォーム] を開いておく	フォームビューで新しいレコードを作成する

1	[新規作成] をクリック	🗖 新規作成

新しいレコードが作成された	顧客IDは自動連番のため、入力できない

2 フィールドにデータを入力する

1件目のレコードを入力する

顧客の氏名	篠田　友里	顧客のシメイ	シノダ　ユリ
電 話 番 号	042-643-xxxx	郵 便 番 号	192-0083
都 道 府 県	東京都	住　　　　　所	八王子市旭町x-x-x
登 録 日	(自動入力)		

1 「篠田　友里」と入力　**2** 「シノダ　ユリ」と入力　**3** 「042-643-xxxx」と入力

「-」(ハイフン)なしで郵便番号を入力する　**4** 「1920083」と入力　「-」(ハイフン)は自動的に挿入される

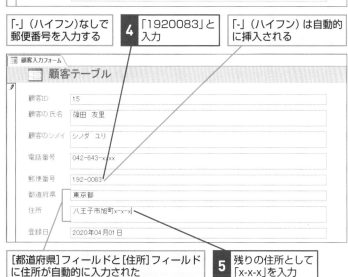

[都道府県]フィールドと[住所]フィールドに住所が自動的に入力された　**5** 残りの住所として「x-x-x」を入力

6 Tab キーを押す　　新しいレコードが作成される

次のページに続く

3 残りのデータを入力する

1 手順1～2を参考に残りの8名分のデータを入力

顧客ID	16	顧客の氏名	坂田　忠	顧客のシメイ	サカタ　タダシ
		電 話 番 号	03-3557-xxxx	郵 便 番 号	176-0002
		都 道 府 県	東京都	住　　　　　所	練馬区桜台x-x-x
		登 　録 　日	（自動入力）		

顧客ID	17	顧客の氏名	佐藤　雅子	顧客のシメイ	サトウ　マサコ
		電 話 番 号	0268-22-xxxx	郵 便 番 号	386-0026
		都 道 府 県	長野県	住　　　　　所	上田市二の丸x-x-x
		登 　録 　日	（自動入力）		

顧客ID	18	顧客の氏名	津田　義之	顧客のシメイ	ツダ　ヨシユキ
		電 話 番 号	046-229-xxxx	郵 便 番 号	243-0014
		都 道 府 県	神奈川県	住　　　　　所	厚木市旭町x-x-x
		登 　録 　日	（自動入力）		

顧客ID	19	顧客の氏名	羽鳥　一成	顧客のシメイ	ハトリ　カズナリ
		電 話 番 号	0776-27-xxxx	郵 便 番 号	910-0005
		都 道 府 県	福井県	住　　　　　所	福井市大手x-x-x
		登 　録 　日	（自動入力）		

顧客ID	20	顧客の氏名	本庄　亮	顧客のシメイ	ホンジョウ　リョウ
		電 話 番 号	03-3403-xxxx	郵 便 番 号	107-0051
		都 道 府 県	東京都	住　　　　　所	港区元赤坂x-x-x
		登 　録 　日	（自動入力）		

顧客ID	21	顧客の氏名	木梨　美香子	顧客のシメイ	キナシ　ミカコ
		電 話 番 号	03-5275-xxxx	郵 便 番 号	102-0075
		都 道 府 県	東京都	住　　　　　所	千代田区三番町x-x-x
		登 　録 　日	（自動入力）		

顧客ID	22	顧客の氏名	戸田　史郎	顧客のシメイ	トダ　シロウ
		電 話 番 号	03-3576-xxxx	郵 便 番 号	170-0001
		都 道 府 県	東京都	住　　　　　所	豊島区西巣鴨x-x-x
		登 　録 　日	（自動入力）		

顧客ID	23	顧客の氏名	加瀬　翔太	顧客のシメイ	カセ　ショウタ
		電 話 番 号	080-3001-xxxx	郵 便 番 号	252-0304
		都 道 府 県	神奈川県	住　　　　　所	相模原市南区旭町x-x-x
		登 　録 　日	（自動入力）		

レッスン34を参考にフォームを閉じておく

⋯Ö⋯Hint!
キーボードを使うと効率よくフィールド間を移動できる

入力中に Tab キーを押すと、カーソルを次のフィールドに移動できます。また、 Shift + Tab キーを押すと、カーソルを前のフィールドに移動できます。フィールドにデータを入力するときは、 Tab キーをうまく活用して効率よくカーソルを移動しましょう。

⋯Ö⋯Hint!
移動ボタンで目的のレコードを確認できる

フォームビューの一番下に表示されている移動ボタンを使うと、すでに入力してある目的のレコードをフォームに表示できます。

⋯Ö⋯Hint!
住所が自動的に入力されるのはなぜ？

テーブルのデザインビューで設定したフィールドの属性は、フォームのフィールドにそのまま引き継がれます。このレッスンで利用する練習用ファイルは、レッスン18で紹介したように郵便番号を入力すると[都道府県]フィールドと[住所]フィールドに住所が入力されるように設定しています。そのため、手順2で郵便番号を入力すると[都道府県]フィールドと[住所]フィールドに住所が自動入力されるのです。

Point フォームでデータが入力しやすくなる

このレッスンで紹介したように、フォームを利用すれば、効率よくレコードにデータを入力できます。なお、1つの画面に1つのレコードが収まっているフォームのことを単票形式と呼ぶこともあります。テーブルにデータを入力するときに、データシートビューを利用してもいいのですが、フィールドの数が多いデータを数多く入力するときは、単票形式の方が入力が楽です。

フォームの編集画面を表示するには

フォームのデザインビュー

このレッスンからは、レッスン35で作成したフォームを編集していきます。フォームを編集するにはデザインビューを使います。

📄 練習用ファイル　フォームのデザインビュー .accdb
⌨ ショートカットキー　Ctrl + Shift……上書き保存

1 デザインビューを表示する

レッスン34を参考に [顧客入力フォーム] をレイアウトビューで表示しておく	フォームのレイアウトを変更するため、フォームをデザインビューで表示する

1 [ホーム] タブをクリック　**2** [表示]をクリック　表示　**3** [デザインビュー]をクリック

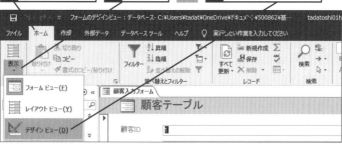

☼ Hint!

ビューによってリボンのタブが変化する

リボンに表示されるタブは、ビューごとに切り替わります。デザインビューに切り替えると、[フォームデザインツール] が表示され、[デザイン] [配置] [書式] の3つのタブが表示されます。

[フォームデザインツール]では3つのタブが表示される

2 デザインビューが表示された

[顧客入力フォーム]がデザインビューで表示された

[顧客入力フォーム]を
閉じる

1 ['顧客入力フォーム'を
閉じる]をクリック ✕

Point デザインビューでフォームを編集する

これまでのレッスンでは、フォームをフォームビューで表示して
テーブルにデータを入力する方法を紹介しました。このレッスンで
は、フォームを編集するためのデザインビューを表示する方法を解
説しています。フォームをデザインビューで表示すると、画面にマ
ス目が表示されます。デザインビューでは、このマス目を目安に
フィールドの入力欄やラベルを自由に動かし、配置を変更できます。
なお、フォームにはレイアウトビューというビューもあります。レ
イアウトビューでは、フォームのレイアウトは調整できますが、デ
ザインビューのような自由度の高い修正はできません。

コントロールのグループ化を解除するには

レイアウトの削除

フォームの内容を表すテキストボックスやラベルを自由に移動できるようにしましょう。このレッスンではコントロールのグループ化を解除します。

📄 練習用ファイル　レイアウトの削除.accdb

1 コントロールを選択する

> レッスン36を参考に[顧客入力フォーム]を
> デザインビューで表示しておく

1 [顧客ID]のラベルをクリック

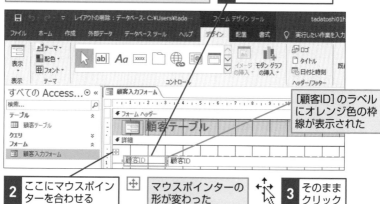

[顧客ID]のラベルにオレンジ色の枠線が表示された

2 ここにマウスポインターを合わせる

マウスポインターの形が変わった

3 そのままクリック

🔆 Hint!

テキストボックスとラベルの違いを知ろう

フォームには、テキストボックスとラベルがあり、これらはコントロールと呼ばれます。テキストボックスは、テーブルのフィールドに入力するための枠です。ラベルはフィールドにどのような値を入力すればいいのかといったことや、テーブルの内容を説明するための文字列です。[フォーム]で作成したフォームはラベルが灰色、テキストボックスは黒で表示されます。

2 コントロールのグループ化を解除する

1 [フォームデザインツール]の[配置]タブをクリック

2 [レイアウトの削除]をクリック

コントロールのグループ化が解除された	グループ化が解除されたそれぞれのコントロールには、ハンドルが表示される

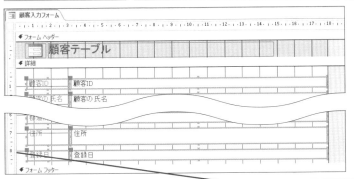

フォームの何もないところをクリックして、コントロールの選択を解除する	**3** ここをクリック	レッスン34を参考にフォームを閉じておく

Point グループ化を解除することで細かい編集ができる

[フォーム] ボタンで作成したフォームのラベルやテキストボックスは、あらかじめグループ化されています。このままの状態では、レイアウトビューでレイアウトの変更はできますが、ラベルやテキストボックスを自由な位置に移動したり、大きさを個々に変更したりすることはできません。フォームを自由に編集するには、まず、グループ化を解除しましょう。

テキストボックスの幅を変えるには

テキストボックスの変更

入力しやすいフォームにするために、テキストボックスの幅と位置を変更しましょう。デザインビューを利用すれば、フォームを自由に編集できます。

📄 練習用ファイル　テキストボックスの変更.accdb

1 テキストボックスの幅を変更する

レッスン36を参考に [顧客入力フォーム] をデザインビューで表示しておく	[顧客ID] のテキストボックスの幅を縮める

1 [顧客ID]のテキストボックスをクリック	**2** サイズ変更ハンドルにマウスポインターを合わせる	マウスポインターの形が変わった

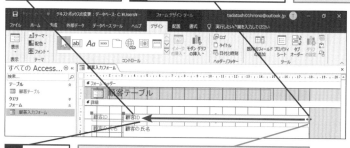

3 ここまでドラッグ

◆サイズ変更ハンドル
ラベルやテキストボックスの選択時に表示され、ドラッグしてサイズを変更できる

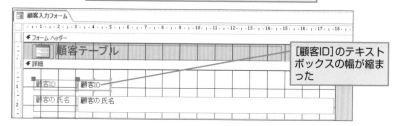

[顧客ID]のテキストボックスの幅が縮まった

·Ò·Hint!

マウスポインターの形と意味を覚えておこう

テキストボックスやラベルの大きさを変えるときは、手順1のようにサイズ変更ハンドルをドラッグします。このとき、どの位置のハンドルをドラッグするかで大きさを変更する方向とマウスポインターの形が変わります。さらに、テキストボックスやラベルを移動するときもマウスポインターの形が変わります。右の表を参考にしてください。

●マウスポインターの形と意味

形	意味
↕	高さを変更できる
↙↗	高さと幅を変更できる
↘↖	高さと幅を変更できる
↔	左右の幅を変更できる
✛	位置を移動できる

2 残りのテキストボックスの幅を変更する

残りのテキストボックスの幅を変更する

1 手順1を参考にほかのテキストボックスの幅を変更

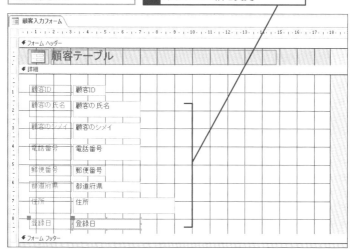

次のページに続く

3 [顧客のシメイ] のラベルとテキストボックスを移動する

[顧客の氏名]のテキストボックスの横に[顧客の
シメイ]のラベルとテキストボックスを移動する

1 [顧客のシメイ]の
ラベルをクリック

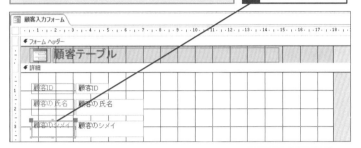

[顧客のシメイ] のラベルとテキスト
ボックスが選択された

2 ここにマウスポインターを
合わせる

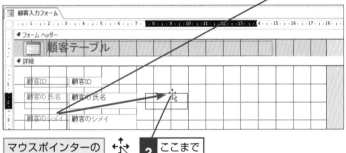

マウスポインターの
形が変わった

3 ここまで
ドラッグ

ドラッグした位置に[顧客のシメイ]のラベルとテキストボックスが移動した

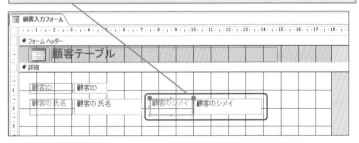

4 [上書き保存]を
クリック

レッスン34を参考にフォームを
閉じておく

⚘ Hint!

テキストボックスとラベルの関係

フォームに配置されたフィールドのテキストボックスとラベルは、連結されています。そのため、ラベルを移動するとテキストボックスが、テキストボックスを移動するとラベルが一緒に移動します。テキストボックスとラベルを個別に移動したいときは、以下のHINT!を参考にラベルやテキストボックスの左上のハンドルをクリックして移動させましょう。

⚘ Hint!

テキストボックスやラベルを個別に移動できる

Accessでは、左上のハンドルに特別な機能があります。テキストボックスを選択してオレンジ色の枠をドラッグすると、テキストボックスとラベルが一緒に移動します。しかし、テキストボックスの左上のハンドルをドラッグすると、テキストボックスだけが移動します。

●テキストボックスとラベルを　　　　●テキストボックスを個別に
　移動する　　　　　　　　　　　　　　移動する

| **1** テキストボックスをクリック | **2** オレンジ色の枠をドラッグ | | **1** テキストボックスをクリック | **2** 左上のハンドルをドラッグ |

テキストボックスとラベルが
移動する

テキストボックスのみが移動する

Point テキストボックスを調整して使いやすいフォームにしよう

[作成]タブの[フォーム]ボタンで作成したフォームは、すべてのラベルとテキストボックスが同じ大きさです。このままでは、氏名を入力するテキストボックスが大きすぎたり、逆に住所を入力するテキストボックスが小さすぎたりして、見ためや使い勝手が悪くなってしまいます。データを入力しやすくなるようにテキストボックスを調整しましょう。

ラベルやテキストボックスの高さを調整するには

サイズ/間隔

[配置] タブの機能を使うと、テキストボックスやラベルの大きさや間隔を簡単にそろえられます。

📄 練習用ファイル サイズ／間隔.accdb

1 ラベルとテキストボックスを選択する

レッスン36を参考に [顧客入力フォーム] をデザインビューで表示しておく	ラベルとテキストボックスの一部が含まれるようにドラッグする

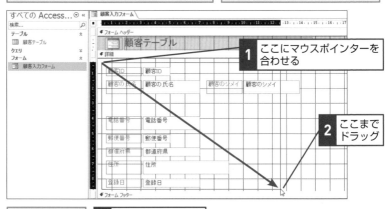

ここではすべて1行分の高さにそろえる

1 ここにマウスポインターを合わせる

2 ここまでドラッグ

3 [フォームデザインツール] の [配置] タブをクリック

4 [サイズ/間隔] をクリック

5 [低いコントロールに合わせる] をクリック

2 ラベルとテキストボックスの上下の間隔を均等にする

ラベルとテキストボックスがすべて1行分の高さにそろった	ラベルとテキストボックスの上下の間隔を均等にする	1 ラベルとテキストボックスが選択されていることを確認

2 [サイズ/間隔]をクリック	3 [上下の間隔を均等にする]をクリック

ラベルとテキストボックスの間隔が広がる	4 [上書き保存]をクリック	レッスン34を参考にフォームを閉じておく

Point 配置や間隔を調整すればデータが入力しやすくなる

ラベルやテキストボックスなど、フォームに配置されるコントロールは、位置がそろっていると見ためがいいだけでなく、データを入力しやすくなります。注意しなければいけないのは、ラベルやテキストボックスの左上に表示されるハンドルです。手順3のようにラベルとテキストボックスの間隔をまとめて変更するときは、左上のハンドルをドラッグしないようにします。なお、初めからラベルとテキストボックスの高さがそろっていないようなときは、左上のハンドルをクリックして選択し、[配置]ボタンの項目でラベルとテキストボックスの高さを個別にそろえておきましょう。

ラベルの内容を変えるには

ラベルの編集

フォームにはテーブルやフィールドの表題となるラベルが作成されています。「そのままでは内容が分かりにくい」というときはラベルの内容を修正しましょう。

📄 練習用ファイル ラベルの編集.accdb

1 ラベルの文字を削除する

レッスン36を参考に [顧客入力フォーム] をデザインビューで表示しておく	最初から入力されているラベルの文字を削除する

1 [顧客テーブル]のラベルをクリック	**2** ここをクリック

ラベルが選択され、カーソルが表示された	**3** [Back space]キーを押して「テーブル」の文字を削除

2 ラベルの文字を修正する

| ラベルの文字が削除された | 「顧客入力フォーム」と修正する | **1** 「入力フォーム」と入力 | **2** Enter キーを押す |

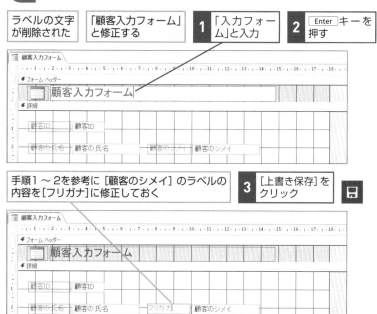

手順1～2を参考に [顧客のシメイ] のラベルの内容を[フリガナ]に修正しておく

3 [上書き保存]をクリック

レッスン34を参考にフォームを閉じておく

Point 分かりやすいラベル名に変更しよう

必ずしもテーブルやフォームを作成した本人がデータを入力するとは限りません。どのフィールドに何を入力すればいいのかが分かるようにラベルの内容を変更すれば、実際にデータを入力する人がフォームに入力しやすくなります。フィールドのラベルには、テーブルを作成したときのフィールド名が設定されています。そのままではフィールドに何を入力すればいいのかが分かりにくいときは、ラベルの内容を変更して、フィールドに入力する内容が分かるようにしましょう。

ラベルを追加するには

ラベルの追加

データを入力するときの注意事項を明記して、フォームの内容を分かりやすくしてみましょう。ラベルを追加して、テキストを入力してみます。

🗐 練習用ファイル　ラベルの追加.accdb

1 ラベルを追加する

レッスン36を参考に [顧客入力フォーム] をデザインビューで表示しておく	ここでは、ラベルを追加して、入力時の注意事項を明記する

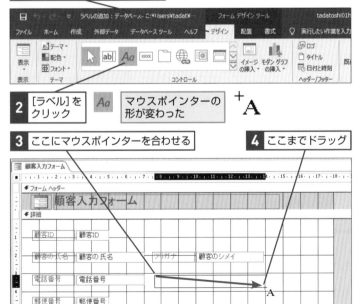

1 [フォームデザインツール]の[デザイン]タブをクリック

2 [ラベル]を　Aa　マウスポインターの形が変わった　⁺A
クリック

3 ここにマウスポインターを合わせる

4 ここまでドラッグ

2 ラベルにテキストを入力する

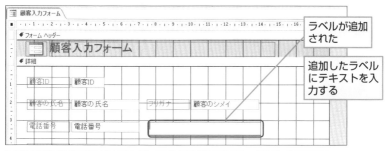

ラベルが追加された

追加したラベルにテキストを入力する

| 1 | 「電話番号は半角文字で入力してください」と入力 | 2 | Enter キーを押す | 必要に応じて、ラベルの位置を調整しておく |

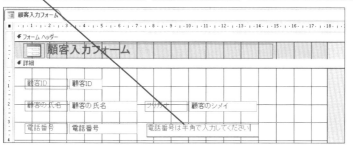

| 3 | [上書き保存]を クリック | 🖫 | レッスン34を参考にフォームを閉じておく |

Point ちょっとの工夫でデータが入力しやすくなる

このレッスンでは、フォームに新しいラベルを追加して、フィールドにデータを入力するときの注意事項を明記しました。注意事項やメモなどがあれば、データを入力する人の助けになるほか、結果的に間違ったデータが入力されることを減らせます。なお、ラベルを追加するとエラーインジケーターのマークが表示されます。このレッスンで作成したラベルは、ほかのテキストボックスと関連付けを行う必要がないので、特に何も操作をしなくて構いません。

タイトルのサイズや色を変えるには

フォントの変更

[フォームヘッダー] セクションにあるラベルの文字を目立たせてみましょう。表題となるラベルを目立たせるには、フォントの大きさや色を変更します。

📄 練習用ファイル　フォントの変更.accdb

1 文字のサイズを大きくする

レッスン36を参考に [顧客入力フォーム] をデザインビューで表示しておく	[フォームヘッダー] セクションにあるラベルのフォントを変更する

1 [顧客入力フォーム]のラベルをクリック	**2** [フォームデザインツール]の[書式]タブをクリック

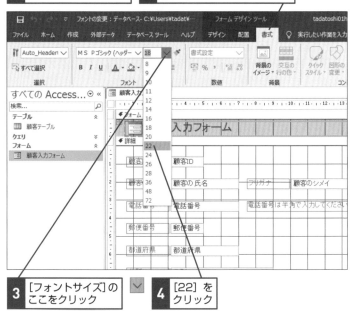

3 [フォントサイズ]のここをクリック	**4** [22]をクリック

·Ö· Hint!

文字を目立たせるには

レッスンで紹介している以外にも文字を目立たせる方法があります。変更したいテキストボックスやラベルを選択してから、[フォームデザインツール]の[書式]タブをクリックして、[フォント]グループの[太字][斜体][下線]ボタンをクリックすると、文字の書式を変更できます。

2 フォントを変更する

| ラベルの文字が大きくなった | **1** [フォント]のここをクリック | **2** ここを下にドラッグしてスクロール |

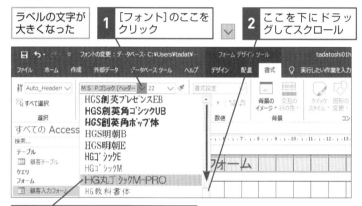

3 [HG丸ゴシックM-PRO]をクリック

3 文字の色を変更する

| ラベルのフォントが変更された | タイトルの文字の色を変更する | **1** [フォントの色]のここをクリック |

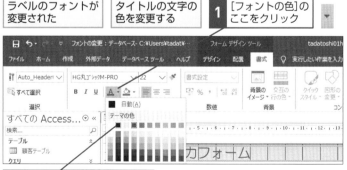

2 [黒、テキスト1]をクリック

次のページに続く

4 ラベルのサイズを調整する

| ラベルの文字の色が変更された | ラベルに入力されている文字に合わせて枠の大きさを縮小する | 1 [フォームデザインツール]の[配置]タブをクリック |

2 [サイズ/間隔]を
クリック

3 [自動調整]を
クリック

第4章　フォームからデータを入力する

-☆- Hint!

フォームの背景色を変えるには

フォームの背景色を変更したいときは、まず [フォームヘッダー] セクションまたは [詳細] セクションをクリックして選択します。さらに [フォームデザインツール] の [書式] タブにある [背景色] ボタンをクリックしてから、設定したい背景色を選択しましょう。標準では、[フォームヘッダー]セクションには薄い水色（テーマの色）が設定されていますが、背景色を [詳細] セクションと同様に白色に設定できます。

Point 大きさや色を変えてラベルを装飾しよう

[フォームヘッダー] セクションに入力したタイトルは、目立たせた方が見やすくなります。タイトルのラベルを目立たせるには、文字を大きくしたり、色を付けたりするのが一般的です。ただし、すべてのラベルに色を付けたり、文字を大きくしたりしてしまうと、フォームの見ためが煩雑になり、使いにくいフォームになってしまいます。本当に目立たせたい部分だけを装飾するのが最も効果的です。

5 フォームビューを表示する

ラベルに入力されている文字に合わせて枠が縮小された	フォーム全体のデザインを確認するためフォームビューを表示する

1 [フォームデザインツール]の[デザイン]タブをクリック

2 [表示]をクリック

3 [フォームビュー]をクリック

[顧客入力フォーム]がフォームビューで表示された	ラベルのサイズやフォントが変更された

4 [上書き保存]をクリック

レッスン34を参考にフォームを閉じておく

レッスン
43

特定のデータを探すには

検索

これまでに作成した［顧客入力フォーム］でレコードを検索し、データを修正する方法を紹介します。［検索］ボタンをクリックして条件を指定しましょう。

🗐 練習用ファイル 検索.accdb

1 ［検索と置換］ダイアログボックスを表示する

レッスン35を参考に［顧客入力フォーム］を フォームビューで表示しておく	ここでは「戸川　綾」を 検索する

1 ［ホーム］タブをクリック　　　　**2** ［検索］をクリック

2 検索する文字列を入力する

検索条件として、「トガワ」と入力する

1 「トガワ」と入力　　**2** ここをクリックして［現在のドキュメント］を選択

3 ここをクリックして［フィールドの一部分］を選択

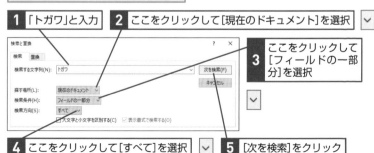

4 ここをクリックして［すべて］を選択　　**5** ［次を検索］をクリック

第4章　フォームからデータを入力する

3 [検索と置換] ダイアログボックスを閉じる

[顧客入力フォーム]に「トガワ　アヤ」のレコードが表示されるまで[次へ]をクリックする | 「戸川　綾」のレコードが表示され、検索した文字列が反転した

顧客入力フォーム

顧客ID　3

顧客の氏名　戸川 綾　　　フリガナ　ガワ アヤ

検索と置換

検索　置換

1 [閉じる]をクリック

4 電話番号を修正する

[検索と置換]ダイアログボックスが閉じた | 「戸川　綾」の電話番号を修正する

電話番号	03-3001-xxxx

顧客入力フォーム

顧客ID　3

顧客の氏名　戸川 綾　　　フリガナ　トガワ アヤ

電話番号　03-3001-xxxx　電話番号は半角で入力してください

1 電話番号を修正

2 Enter キーを押す

3 [上書き保存]をクリック　　レッスン34を参考にフォームを閉じておく

Point　フォームの検索機能を活用しよう

検索はデータベースを使う上で最も重要な機能です。入力された
データがそれほど多くなければ、テーブルのデータシートビューや
フォームの移動ボタンを使ってデータを見つけられます。ところが、
大量のデータが入力されているときは、目的のデータを見つけるの
は困難です。このレッスンで紹介しているように、特定の人物の電
話番号を修正したいときは検索機能を使ってレコードを探しましょ
う。修正するレコードを素早く表示できます。

誰でもデータが入力できるようにフォームを整えよう

テーブルを作った人が自分でデータを入力するときは、テーブルにはどのようなフィールドがあって、何を入力するのかが分かっているため、スムーズに入力できます。しかし、テーブルを作った人が常にデータを入力するとは限りません。名刺管理のテーブルは秘書が入力して、請求管理のテーブルは経理部門の人が入力するかもしれません。テーブルの構造を知らなくても簡単にデータが入力できるようにフォームを使いやすくしましょう。自分以外の第三者が入力しやすいように、フォームにタイトルを付けたり、それぞれのフィールドに何を入力すればいいのかをコメントとして付けます。フォームを編集するときは、誰でもデータが入力できるように、分かりやすいフォームを作りましょう。

フォームのデザインビュー

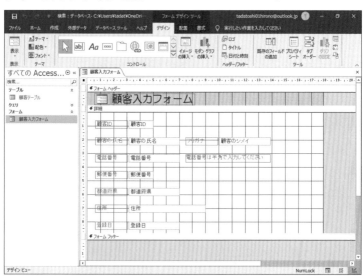

タイトルやフィールドを追加したり、レイアウトを調整するなどして、より入力しやすいフォームに仕上げられる

レポートで情報を
まとめる

レポートとは、クエリの結果やテーブル
をさまざまな形式で表示や印刷ができる
機能です。この章では、レポートを使っ
て住所の一覧やあて名ラベルを作る方法
を解説しましょう。

レポートの基本を知ろう

レポートの仕組み

レポートを作り始める前に、レポートの仕組みを見てみましょう。レポートを使えば、テーブルの内容やクエリの実行結果をきれいに印刷できます。

レポートとは

顧客の住所一覧が欲しいときや、あて名ラベルを印刷したいときなど、テーブルの内容やクエリの実行結果を印刷できれば、より一層データベースを実用的に使えます。テーブルの内容やクエリの結果を印刷するための機能は、レポートと呼ばれています。

[顧客住所クエリ]の実行結果から
顧客のあて名ラベルを作成する

[顧客住所クエリ]の実行結果から
顧客住所の一覧を印刷できる

目的に合わせてレポートを作成する

レポートの作成方法は大きく2つあります。1つは［レポート］ボタンやウィザードを利用する方法です。もう1つは、デザインビューを利用して最初からレイアウトする方法です。この章では、第3章で作成した［顧客住所クエリ］と［東京都顧客クエリ］で抽出したデータを一覧表やあて名ラベルとして印刷する方法を紹介します。

● ［作成］タブやウィザードを使ったレポート作成

レポートを自動作成する

あて名ラベルにあて名を印刷する

● デザインビューを使ったレポート作成

デザインビューでレポートを編集する

ラベルを自由に配置して、レポートのタイトルを付けられる

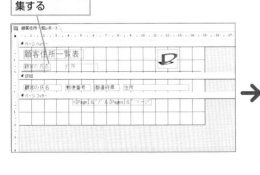

→

画像や罫線を挿入してレポートを装飾できる

一覧表を印刷する
レポートを作るには
レポートの作成と保存

このレッスンでは、[レポート] ボタンを利用して、第3章で作成した [東京都顧客クエリ] から顧客の氏名や住所の一覧表を作ってみましょう。

📄 練習用ファイル　レポートの作成と保存.accdb

1 新しいレポートを作成する

レッスン8を参考に[レポートの作成と保存.accdb]を開いておく	[東京都顧客クエリ] を元にレポートを作成する

1 [東京都顧客クエリ]をクリック

2 [作成]タブをクリック

3 [レポート]をクリック

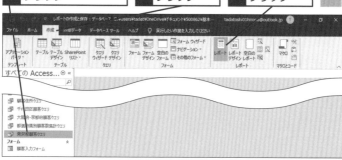

💡 Hint!

ナビゲーションウィンドウにクエリが表示されていないときは

ナビゲーションウィンドウに [東京都顧客クエリ] が表示されていないときは、これまでのレッスンで作成したクエリが隠れています。ナビゲーションウィンドウの [クエリ] をクリックして一覧を表示しましょう。

1 [クエリ]をクリック

2 レポートを保存する

新しいレポートが作成され、[東京都顧客クエリ]がレイアウトビューで表示された	作成したレポートを保存する

1 [上書き保存]をクリック

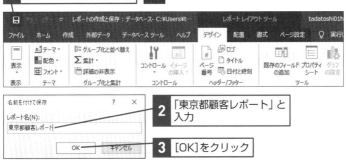

名前を付けて保存　　　　　　?　×

レポート名(N):

東京都顧客レポート

　　　　OK　　　キャンセル

2 「東京都顧客レポート」と入力

3 [OK]をクリック

レポートを保存できた	「東京都顧客レポート」と表示された	**4** ['東京都顧客レポート'を閉じる]をクリック

Point さまざまなレポートを簡単に作れる

このレッスンでは、レッスン24で作成した [東京都顧客クエリ] を元にして、都道府県が東京都の氏名と住所のレポートを作成しました。レポートの元になるクエリをあらかじめ作成しておけば、このレッスンで操作したようにクエリを選択して [レポート] ボタンをクリックするだけで、氏名とメールアドレスだけの一覧表など、体裁の整ったさまざまなレポートを簡単に作れます。

テキストボックスの幅を調整するには

レポートのレイアウトビュー、デザインビュー

ここでは、テキストボックスの幅の調整やテキストボックスの削除方法を紹介します。

🗐 練習用ファイル　レポートのレイアウトビュー、デザインビュー .accdb

テキストボックスの幅を調整する

1 [東京都顧客レポート] をレイアウトビューで表示する

[テーブル] [クエリ] [フォーム]をクリックして一覧を非表示にしておく

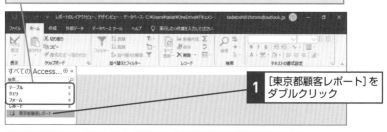

[東京都顧客レポート]を
1 ダブルクリック

[東京都顧客レポート]が
レポートビューで表示さ
れた

ここではレポートのイメージを確認
しながらレイアウトを調整するた
め、レイアウトビューに切り替える

2 [ホーム] タブを
クリック

3 [表示]を
クリック

4 [レイアウトビュー] を
クリック

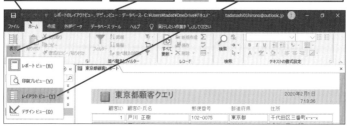

◆ Hint!

テキストボックスの余白を変更するには

レポートに表示されているテキストボックス全体の余白は自由に調整できます。レイアウトビューで表示しているときに、サイズを調整したいテキストボックスを選択して [レポートレイアウトツール] の [配置] タブの [スペースの調整] ボタンをクリックしましょう。テキストボックス間の余白を広げたり、狭めたりすることで見やすいレポートを作成できます。

2 テキストボックスの幅を調整する

[東京都顧客レポート] がレイアウト
ビューで表示された

| 1 | [顧客ID]の列にあるテキストボックスをクリック | 2 | ここにマウスポインターを合わせる |

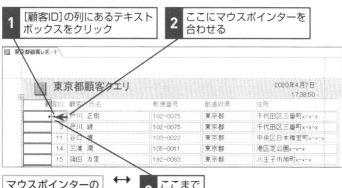

マウスポインターの
形が変わった　　↔　　**3** ここまで
ドラッグ

| [顧客ID] のテキストボックスの幅が狭くなった | **4** | 手順3を参考にほかのテキストボックスの幅を調整 |

次のページに続く

ヘッダーとフッターを調整する

3 デザインビューを表示する

[レポートフッター]と[レポートヘッダー]
セクションを編集するので、[東京都顧客
クエリ]をデザインビューで表示する

1 [レポートレイアウト
ツール]の[デザイン]
タブをクリック

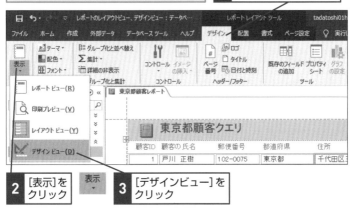

2 [表示]を
クリック

3 [デザインビュー]を
クリック

4 テキストボックスを削除する

[レポートフッター]と[レポートヘッダー]セクション
にあるテキストボックスを削除する

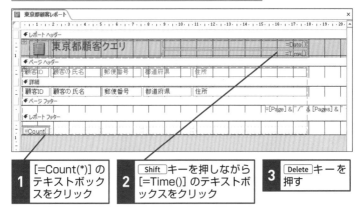

1 [=Count(*)]の
テキストボック
スをクリック

2 [Shift]キーを押しながら
[=Time()]のテキストボ
ックスをクリック

3 [Delete]キーを
押す

第5章 レポートで情報をまとめる

5 表題のラベルを修正する

テキストボックスが削除された	**1** レポートのタイトルをクリック	**2** ここをクリック

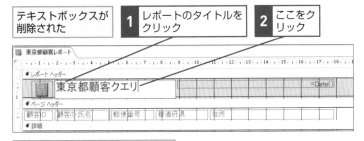

カーソルが表示され、タイトルを
編集できるようになった

3 「東京都顧客レポート」と入力	**4** Enter キーを押す	**5** [上書き保存]をクリック	🖫

Point ビューを切り替えてフォームをカスタマイズしよう

このレッスンでは、テキストボックスの幅を変更したほか、件数や時刻のテキストボックスを削除して表題のラベル名を変更しました。レッスン45で紹介したように、クエリを選んで[作成]タブの[レポート]ボタンをクリックして作成したレポートは、このレッスンの方法でカスタマイズします。レポートは複数のビューを切り替えて編集しますが、どのビューで何をするのか確認しながら操作するといいでしょう。

一覧表のレポートを印刷するには

印刷

ここまでのレッスンで作成したレポートを用紙に印刷してみましょう。レポートを作っておけば、いつでも最新のデータを用紙に印刷できます。

📄 練習用ファイル 印刷.accdb

⌨ **ショートカットキー** Ctrl + P ……[印刷] ダイアログボックスの
表示

1 [印刷] ダイアログボックスを表示する

レッスン46を参考に[東京都顧客レポート]を
レポートビューで表示しておく

1 [ホーム]タブを
クリック

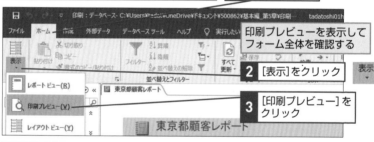

印刷プレビューを表示して
フォーム全体を確認する

2 [表示]をクリック

3 [印刷プレビュー]を
クリック

[東京都顧客レポート]が印刷プレビューで表示された

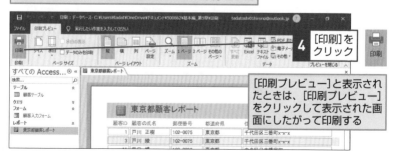

4 [印刷]を
クリック

[印刷プレビュー]と表示され
たときは、[印刷プレビュー]
をクリックして表示された画
面にしたがって印刷する

第5章 レポートで情報をまとめる

2 印刷を実行する

[印刷] ダイアログボックスが表示された	A4の用紙をプリンターにセットしておく	**1** 使用中のプリンター名が表示されていることを確認

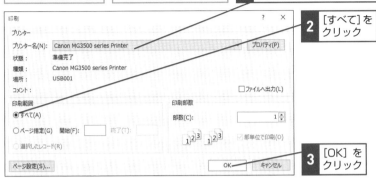

2 [すべて] をクリック

3 [OK] をクリック

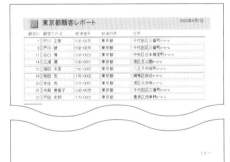

レポートがA4の用紙に印刷された

印刷が終了したら、レッスン45を参考にレポートを閉じておく

Point 常に最新のデータを印刷できる

レポートは、テーブルやクエリを印刷するための枠組みと考えるといいでしょう。レポートに表示される内容はテーブルやクエリの実行結果です。したがってレポートの作成後にテーブルのデータを変更したり、レコードを追加したりしてもすぐにレポートに反映できます。レポートに設定したレイアウトや書式はそのままなので、データの変更によってレポートを作り直す必要はありません。

レポートをPDF形式で保存するには

PDFまたはXPS

Access 2019は、特別なファイルをインストールしなくてもレポートをPDF形式で保存できます。汎用性の高いPDF形式でレポートを保存してみましょう。

📄 練習用ファイル　PDFまたはXPS.accdb

1 [PDFまたはXPS形式で発行] ダイアログボックスを表示する

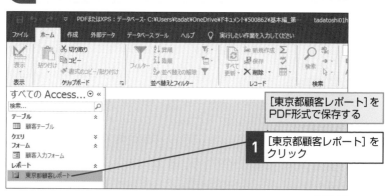

[東京都顧客レポート]を
PDF形式で保存する

1 [東京都顧客レポート]を
クリック

2 [外部データ]タブを
クリック

3 [PDFまたはXPS]を
クリック

⚠️ 間違った場合は?

手順1で [PDFまたはXPS] 以外のボタンをクリックしてしまったときは、[キャンセル] ボタンをクリックしてダイアログボックスを閉じてから、もう一度やり直します。

第5章　レポートで情報をまとめる

2 レポートをPDF形式で保存する

[PDFまたはXPS形式で発行] ダイアログ
ボックスが表示された

1 [ドキュメント]を
クリック

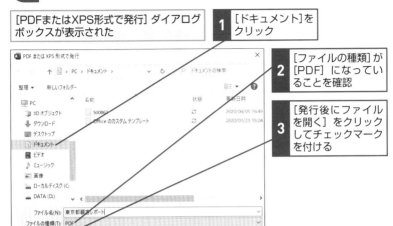

2 [ファイルの種類] が
[PDF] になってい
ることを確認

3 [発行後にファイル
を開く] をクリック
してチェックマーク
を付ける

4 [発行] を
クリック

3 作成したPDFファイルが表示された

Windows 10の標準設定では、Microsoft Edgeに
[東京都顧客レポート] が表示される

Microsoft Edgeを
終了しておく

[エクスポート操作の保存] ダイアログボックスが表示されたら、[閉じ
る] をクリックしておく

レポートを自由に
デザインするには
レポートデザイン

このレッスン以降では、デザインビューを使って新しいレポートを作成します。まずは、ページの向きや用紙のサイズ、レポートの幅を設定しましょう。

📄 練習用ファイル レポートデザイン.accdb

1 新しいレポートを作成する

[テーブル][クエリ][フォーム]をクリックして一覧を非表示にしておく

1 [作成] タブをクリック

2 [レポートデザイン]をクリック

2 ページの向きを設定する

新しいレポートがデザインビューで表示された

ここでは、A4縦のレポートを作成する

1 [レポートデザインツール]の[ページ設定] タブをクリック

2 [縦]をクリック

3 [サイズ]をクリック

4 [A4]をクリック

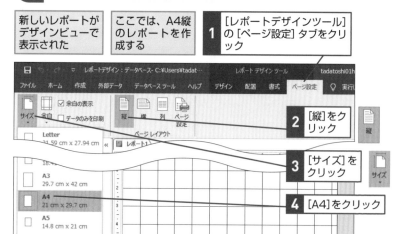

3 レポートの幅を広げる

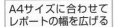

A4サイズに合わせてレポートの幅を広げる	**1** ここにマウスポインターを合わせる	マウスポインターの形が変わった

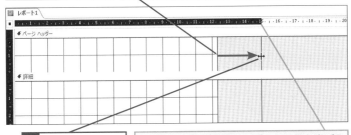

2 ここまでドラッグ　[15]の目盛りを目安にレポートの幅を広げる

レポートの幅が広くなった　このままレポートを開いておく

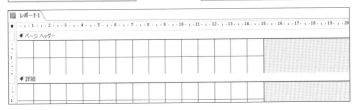

Point だいたいのイメージを固めてからデザインしよう

レポートを作り始めるときは、大まかでいいので、あらかじめどんなレポートにするのかを考えておきましょう。まずは、レポートを印刷する用紙のサイズや用紙の向きを決めておきます。印刷するフィールドの数が少ないときは、このレッスンのように用紙の向きを [縦] に設定しましょう。また、印刷するフィールドがたくさんあると、すべてのフィールドが1ページに収まらないこともあります。そのようなときは、用紙の向きを [横] に設定すれば、1ページにレイアウトできるフィールドの数が増えるので覚えておきましょう。

レポートを保存するには

レポートの保存

デザインビューで編集したレポートは、保存を行わないと、編集内容がデータベースファイルに反映されません。レポートを編集したら、必ず保存しましょう。

⌨ **ショートカットキー** Ctrl + S ……上書き保存

1 レポートに名前を付けて保存する

| レッスン49で作成した
レポートを保存する | **1** [上書き保存]を
クリック | |

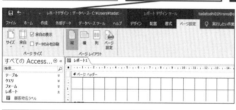

| [名前を付けて保存]ダイアログ
ボックスが表示された |

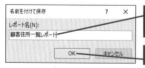

2 「顧客住所一覧レポート」と入力

3 [OK]をクリック

⚠ 間違った場合は?

手順1で間違った名前で保存してしまったときは、一度レポートを閉じます。次に、ナビゲーションウィンドウで間違えた名前のレポートを右クリックし、[名前の変更]をクリックしてから名前を入力し直します。

💡 Hint!
保存を促す
ダイアログボックスが
表示されたときは

編集中にレポートを閉じたり、Accessを終了しようとすると「'○○'レポートの変更を保存しますか?」という確認のダイアログボックスが表示されます。[いいえ]ボタンをクリックすると変更が保存されずにウィンドウが閉じられるので、必ず[はい]ボタンか[キャンセル]ボタンをクリックしましょう。

2 レポートを閉じる

レポートが保存された	レポートが保存されたことを確認するため、いったんレポートを閉じる

ナビゲーションウィンドウにも[顧客住所一覧レポート]が表示される	**1** ['顧客住所一覧レポート'を閉じる]をクリック	✕

3 [顧客住所一覧レポート] を表示する

1 [顧客住所一覧レポート]をダブルクリック	[顧客住所一覧レポート] がレポートビューで表示された

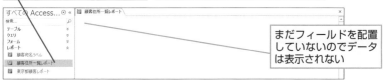

まだフィールドを配置していないのでデータは表示されない

[顧客住所一覧レポート]を閉じておく

Point レポートの編集中はこまめに保存しよう

レポートの編集中は、編集の操作がいつでもデータベースファイルに
反映されるわけではありません。保存を実行して、初めて編集内容が
データベースファイルに保存されるのです。つまり、レポートの編集
において保存は最も大切な操作だといえます。編集が終わったとき
だけでなく、編集の途中でこまめに保存しましょう。Windowsや
Accessのトラブルなど、何らかの原因で編集作業を継続できない
状況になったとしても、被害を最小限にとどめられます。

印刷したいフィールドを配置するには

レコードソースの指定

レポートで利用するクエリを選択してから、フィールドを配置します。印刷するときは、配置されたフィールドのテキストボックスにクエリの実行結果が入ります。

🗐 練習用ファイル レコードソースの指定.accdb

1 [プロパティシート]を表示する

レッスン50を参考に[顧客住所一覧レポート]をデザインビューで表示しておく	レポートに追加するフィールドを選択するために[プロパティシート]を表示する

1 [レポートデザインツール]の[デザイン]をクリック	2 [プロパティシート]をクリック

☀ Hint!

プロパティって何？

プロパティとは属性という意味を持つ言葉です。プロパティを変更することで細かい設定ができるようになっています。レポートの代表的なプロパティにはレコードソースがあります。レコードソースのプロパティを設定すると、どのテーブルやクエリを元にしてレポートを作るのかを決められます。

2 フィールドを追加するクエリを選択する

[プロパティシート]が表示された

ここではクエリにあるフィールドを追加する

1 [データ]タブをクリック

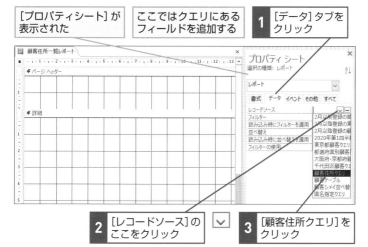

2 [レコードソース]のここをクリック

3 [顧客住所クエリ]をクリック

3 フィールドの一覧を表示する

[レコードソース]にクエリが追加された

クエリに含まれるフィールドの一覧を表示する

1 [既存のフィールドの追加]をクリック

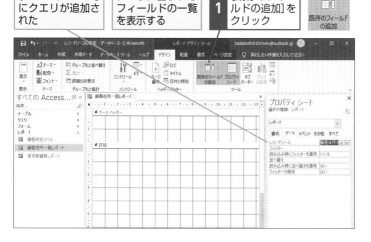

次のページに続く

4 フィールドを追加する

クエリに含まれるフィールドの一覧が表示された	[顧客の氏名][郵便番号][都道府県][住所]フィールドを追加する

1 [顧客の氏名]をダブルクリック

[顧客の氏名]フィールドのラベルとテキストボックスが追加された

2 [郵便番号]をダブルクリック

3 [都道府県]をダブルクリック

4 [住所]をダブルクリック

必要なフィールドが追加できた	**5** [上書き保存]をクリック

Ḥ Hint!

レポートを作るときはデザインビューに切り替える

レポートには「レポートビュー」「レイアウトビュー」「印刷プレビュー」「デザインビュー」の4つのビューがあります。これらのビューのうちレポートを編集できるのはレイアウトビューとデザインビューの2つです。レイアウトビューは、レポートの体裁をごく簡単に整えられますが、細かい修正や設定には向いていません。白紙の状態からレポートを作るときは、必ずデザインビューを利用しましょう。

5 印刷プレビューを表示する

[顧客住所一覧レポート] を印刷プレビューで表示する

1 [表示]をクリック

表示

2 [印刷プレビュー]をクリック

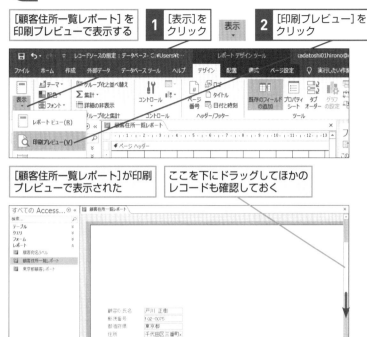

[顧客住所一覧レポート]が印刷プレビューで表示された

ここを下にドラッグしてほかのレコードも確認しておく

レッスン45を参考にレポートを閉じておく

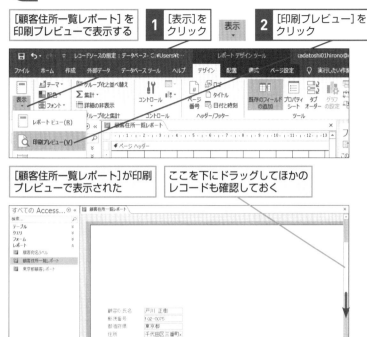

Point レポートはクエリから作る

レポートで使うクエリのことをレコードソースといいます。レコードソースにクエリを指定することによって、さまざまな条件で抽出したりデータを並べ替えたりするレポートを作れます。例えば、名前の読みで並べ替えられたクエリを使うと、レポートも名前の読みで並べ替えられて印刷されます。また、[都道府県]フィールドのデータが「東京都」であるレコードを抽出するクエリを使うと、「東京都」のレコードだけをレポートで印刷できます。

フィールドのラベルを削除するには

ラベルの削除

レポートにフィールドを配置すると、フィールドのラベルも同時に追加されます。レポートを一覧表の体裁に整えるために、ラベルを削除しましょう。

🗐 練習用ファイル　ラベルの削除.accdb

1 ラベルを選択する

レッスン52を参考に[顧客住所一覧レポート]をデザインビューで表示しておく	レッスン52で追加したラベルを削除する	**1** ここをクリック	**2** ここまでドラッグ

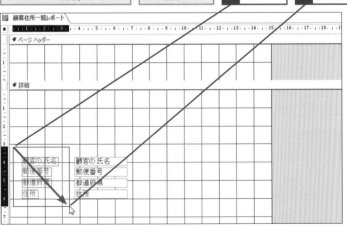

💡 Hint!

必要がないときはプロパティシートを閉じておこう

レポートを編集するときは、画面が広いほうがレイアウトがしやすくなります。プロパティシートを閉じておきましょう。プロパティシートを閉じるには、[閉じる]ボタン（×）をクリックします。

2 ラベルを削除する

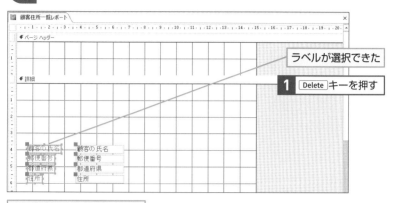

ラベルが選択できた

1 Delete キーを押す

すべてのラベルが削除された

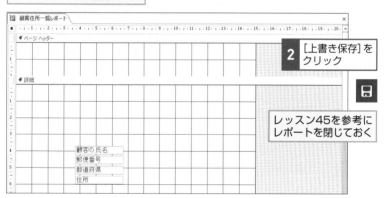

2 [上書き保存] を
クリック

レッスン45を参考に
レポートを閉じておく

Point 不要なラベルを削除しよう

レポートにフィールドを配置すると、テキストボックスと一緒にラベルも配置され、そのまま印刷されます。レッスン49から作成している [顧客住所一覧レポート] は一覧表の体裁にするので、不要なラベルを削除します。ラベルを削除することで、すっきりと体裁の整ったレポートを作成できることを覚えておきましょう。

テキストボックスの幅を変えるには

テキストボックスのサイズ調整

[住所] のテキストボックスは幅が短いため、内容がすべて印刷されません。テキストボックスの幅を調整して、内容が正しく印刷されるようにしましょう。

📄 練習用ファイル　テキストボックスのサイズ調整.accdb

---

1 [郵便番号] のテキストボックスの幅を調整する

レッスン51を参考に [顧客住所一覧レポート] をデザインビューで表示しておく	[郵便番号] のテキストボックスの幅を縮める	**1** [郵便番号]のテキストボックスをクリック

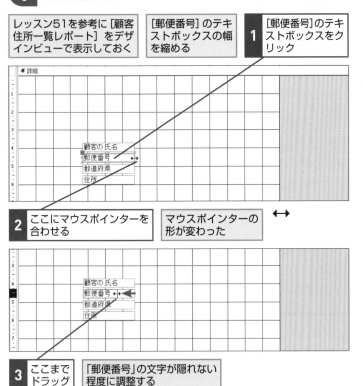

2 ここにマウスポインターを合わせる	マウスポインターの形が変わった	↔

3 ここまでドラッグ	「郵便番号」の文字が隠れない程度に調整する

2 [都道府県]と[住所]のテキストボックスを調整する

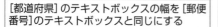

| [都道府県]のテキストボックスの幅を[郵便番号]のテキストボックスと同じにする | **1** [都道府県]のテキストボックスの幅を変更 |

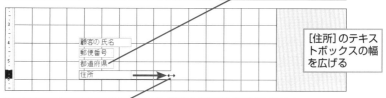

[住所]のテキストボックスの幅を広げる

2 [住所]のテキストボックスのハンドルをここまでドラッグ

3 [上書き保存]をクリック

💡 Hint!

複数のテキストボックスの幅をそろえるには

複数のテキストボックスを選択し、以下のように操作すれば、高さはそのままで、すべて同じ幅にそろえられます。なお、テキストボックスの高さをそろえる方法は、レッスン39を参考にしてください。

複数のテキストボックスを選択しておく

1 [レポートデザインツール]の[配置]タブをクリック

2 [サイズ/間隔]をクリック

3 [広いコントロールに合わせる]をクリック

Point ビューを切り替えて幅を調整しよう

このレッスンで利用する[顧客住所レポート]を印刷プレビューで表示すると、テキストボックスには[顧客住所クエリ]のレコードが表示されます。テキストボックスの幅を変更するときは、それぞれのフィールドの内容がきちんと表示されているかをよく確認しましょう。

テキストボックスを
並べ替えるには

テキストボックスの移動

レポートを一覧表の形式にするために、テキストボックスを
移動しましょう。テキストボックスを横一列に配置すると、
一覧表形式のレポートができます。

📄 練習用ファイル　テキストボックスの移動.accdb

1 [顧客の氏名] のテキストボックスを移動する

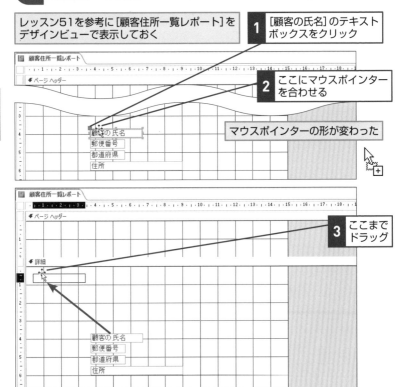

レッスン51を参考に [顧客住所一覧レポート] を
デザインビューで表示しておく

1 [顧客の氏名] のテキスト
ボックスをクリック

2 ここにマウスポインター
を合わせる

マウスポインターの形が変わった

3 ここまで
ドラッグ

2 ほかのテキストボックスを移動する

[顧客の氏名] の
テキストボック
スが移動した

1 手順1と同様に [郵便番号] [都道府県] [住所] の順にテキストボックスを [顧客の氏名]の右側に移動

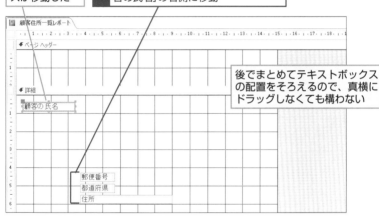

後でまとめてテキストボックスの配置をそろえるので、真横にドラッグしなくても構わない

すべてのテキストボックスを配置できた

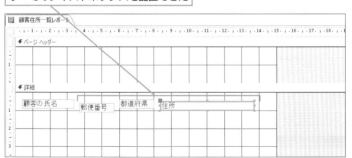

次のページに続く

3 テキストボックスの上端をそろえる

上端をそろえるためにすべての
テキストボックスを選択する

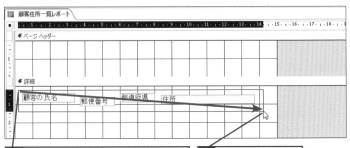

| 1 | ここにマウスポインターを合わせる | | 2 | ここまでドラッグ |

すべてのテキストボックスを選択できた

| 3 | [レポートデザインツール]の
[配置]タブをクリック |

[配置]を
クリック

| 5 | [上]をクリック |

☆ Hint!

左右の間隔を均等にするには

左右の間隔をそろえるには、そろえたいテキストボックスやラベルを選択し
てから、[レポートデザインツール]の[配置]タブにある[サイズ/間隔]
ボタンをクリックして[左右の間隔を均等にする]を選びます。

4 テキストボックスの枠線を透明にする

テキストボックスの上端がそろった

1 [レポートデザインツール]の [書式]タブをクリック

2 [図形の枠線]を クリック

3 [透明]を クリック

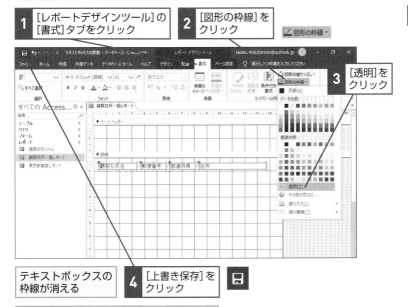

テキストボックスの 枠線が消える

4 [上書き保存]を クリック

レッスン45を参考にレポートを閉じておく

Point　体裁の整ったレポートを作ろう

テキストボックスの大きさを決めたら、次はテキストボックスの位置を調整しましょう。このレッスンのように、すべてのテキストボックスを横一列に並べると、1つのレコードが1行に印刷される一覧表形式のレポートを作れます。テキストボックスの位置合わせは、体裁が整ったきれいなレポートを作るための重要な作業です。配置されているテキストボックスの数が多いときは、特に配置に気を配ったレポートを作るように心がけましょう。

セクションの間隔を変えるには

セクションの調整

このレッスンのレポートは、1ページに2件分のレコードしか印刷されません。多くのレコードが印刷されるように［詳細］セクションの高さを変更しましょう。

📄 練習用ファイル　セクションの調整.accdb

1 ［詳細］セクションの高さを縮める

レッスン51を参考に［顧客住所一覧レポート］をデザインビューで表示しておく	［詳細］セクションの高さを縮めるので、［ページフッター]セクションを表示する	**1** ここを下にドラッグしてスクロール

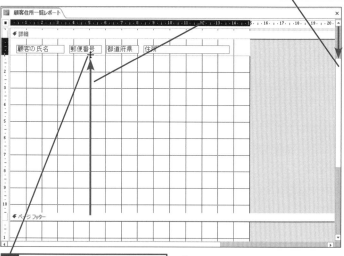

2 ［ページフッター］のセクション区切りの上端にマウスポインターを合わせてここまでドラッグ

［1］の目盛りを目安にドラッグする

2 [詳細セクション] の高さが縮まった

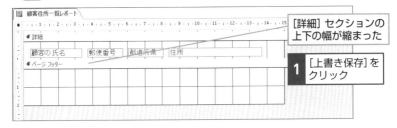

[詳細] セクションの
上下の幅が縮まった

1 [上書き保存] を
クリック

3 印刷プレビューを確認する

1 レッスン47を参考に [顧客一覧レポート] を
印刷プレビューで表示

レコード1件ごとの
間隔が縮まった

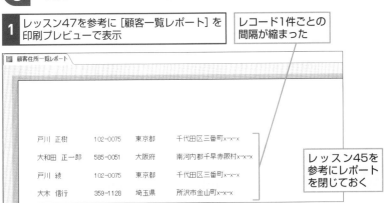

戸川 正樹	102-0075	東京都	千代田区三番町x-x-x	
大和田 正一郎	585-0051	大阪府	南河内郡千早赤阪村x-x-x	
戸川 綾	102-0075	東京都	千代田区三番町x-x-x	
大木 信行	359-1128	埼玉県	所沢市金山町x-x-x	

レッスン45を
参考にレポート
を閉じておく

Point [詳細] セクションの内容は
繰り返し印刷される

[詳細] セクションに配置したフィールドのテキストボックスには、
クエリの実行結果が埋め込まれ、レコードの内容が繰り返し印刷さ
れます。したがって、一覧表といっても、[詳細] セクションに件
数分のフィールドを配置するわけではありません。なお、[詳細]
セクションで設定する高さは、1レコード分の繰り返しの高さの意
味があります。レポートを一覧表形式で作成するときは、このレッ
スンのように [詳細] セクションの高さを縮めましょう。

ページヘッダーにラベルを追加するには

[ページヘッダー] セクション

[顧客の氏名] や [住所] など、フィールドの内容を表す表題を追加しましょう。このレッスンでは、ラベルを [ページヘッダー] セクションに追加します。

🗐 練習用ファイル [ページヘッダー] セクション.accdb

1 [ページヘッダー] セクションにラベルを追加する

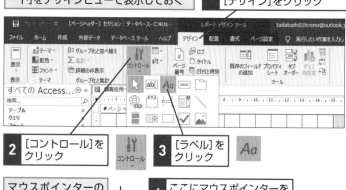

レッスン51を参考に [顧客住所一覧レポート]をデザインビューで表示しておく

1 [レポートデザインツール]の [デザイン]をクリック

2 [コントロール]を クリック

3 [ラベル]を クリック

マウスポインターの 形が変わった

4 ここにマウスポインターを 合わせる

5 ここまで ドラッグ

横に2マス、縦に2分の1マス程度の 大きさになるようにドラッグする

2 ラベルに文字を入力する

ラベルが追加された	1 「顧客の氏名」と入力	2 Enter キーを押す

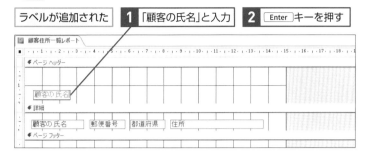

3 続けて［住所］のラベルを追加する

続けて手順1〜手順2を参考にラベルを追加する	1 ラベルを追加	2 「住所」と入力

レッスン54を参考に、位置を調整しておく	3 ［上書き保存］をクリック	🖫 レッスン45を参考にレポートを閉じておく

Point すべてのページの先頭に印刷される

レッスン55で解説したように、［詳細］セクションの内容は1つの
ページに繰り返し印刷されます。しかし、［ページヘッダー］セクショ
ンの内容は、すべてのページの先頭に印刷されます。この2つの違
いを覚えておきましょう。このレッスンでは、［顧客の氏名］と［住
所］というラベルを追加しました。レポート名や会社名、文書番号
などの情報を複数ページに印刷するときは、［ページヘッダー］セ
クションにラベルを追加しましょう。

できる 169

レポートにページ番号を挿入するには

ページ番号の挿入

レポートが複数のページにわたるときに役立つのがページ番号です。このレッスンでは、[ページフッター] セクションにページ番号を追加してみましょう。

🗐 練習用ファイル ページ番号の挿入.accdb

1 ページ番号の書式と位置を設定する

| レッスン52を参考に [顧客住所一覧レポート] をデザインビューで表示しておく | **1** [レポートデザインツール] の [デザイン]をクリック | **2** [ページ番号の追加]をクリック | |

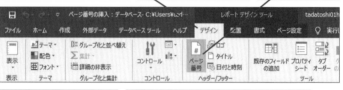

| [ページ番号]ダイアログボックスが表示された | 「(現在のページ) / (合計のページ)」という書式のページ番号を追加する |

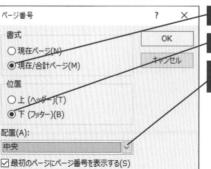

3 [現在/合計ページ]をクリック

4 [下(フッター)]をクリック

5 [配置]のここをクリックして[中央]を選択

6 [OK]をクリック

2 ページ番号のテキストボックスが追加された

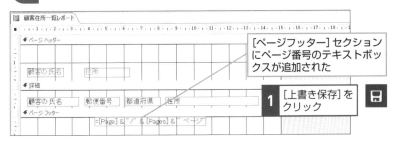

[ページフッター] セクションにページ番号のテキストボックスが追加された

1 [上書き保存] を クリック

3 印刷プレビューを確認する

レッスン47を参考に印刷プレビューを表示しておく

印刷プレビューでページ番号を確認する

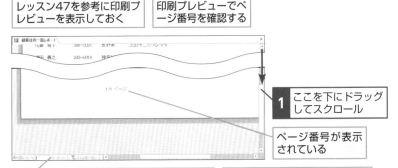

1 ここを下にドラッグしてスクロール

ページ番号が表示されている

複数のページがあるときは、[次のページ] をクリックして2ページ目を表示できる

レッスン45を参考にレポートを閉じておく

Point ボタン1つでページ番号を挿入できる

[ページフッター] セクションにテキストボックスを追加すると、レポートの下部に文字を印刷できます。複数ページに同じ内容が印刷される点は [ページヘッダー] セクションと一緒ですが、印刷されるページの上下位置が違うことを覚えておきましょう。レポートの内容が複数ページになるときは、[ページフッター] セクションにページ番号のテキストボックスを忘れずに追加しておきましょう。

レポートの表題となる
ラベルを挿入するには

ラベルの装飾

レポートの内容がひと目で分かるような表題を追加しましょう。[ページヘッダー] セクションにラベルを追加すれば、すべてのページに印刷されます。

📄 練習用ファイル　ラベルの装飾.accdb

1 ラベルを追加して文字を入力する

レッスン51を参考に [顧客住所一覧レポート] をデザインビューで表示しておく	レッスン56を参考に [ページヘッダー] セクションにラベルを追加しておく	**1** 「顧客住所一覧表」と入力

[顧客住所一覧レポート]

◆ ページ ヘッダー

顧客住所一覧表

2 Enter キーを押す

顧客の氏名　　　　住所

◆ 詳細

第5章　レポートで情報をまとめる

☆ Hint!

ワンクリックですべてのコントロールを選択するには

すべてのラベルとテキストボックスの書式を変更したいときは、1つ1つを選択して設定するのではなく、すべてのラベルとテキストボックスを選択してから書式を設定しましょう。以下の手順でラベルやテキストボックスを一括で選択できます。ただし、画像が配置されているときは画像も選択されてしまうので、ラベルとテキストボックス以外の選択を解除してから書式を設定しましょう。

	1 [レポートデザインツール]の[書式]タブをクリック
	2 [すべて選択]をクリック　🔳 すべて選択

2 文字のサイズを大きくする

ラベルに文字を入力できた

1 [レポートデザインツール]の[書式]タブをクリック

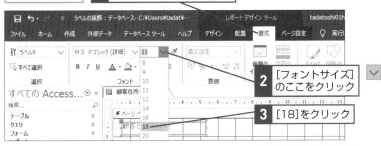

2 [フォントサイズ]のここをクリック

3 [18]をクリック

ラベルの文字が大きくなった | レッスン54を参考に、位置を調整しておく

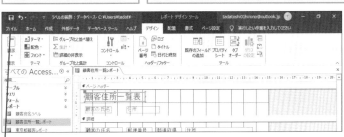

4 [上書き保存]をクリック

レッスン45を参考にレポートを閉じておく

Point タイトルを付けて、分かりやすいレポートにしよう

住所の一覧のレポートを作っても、それがどのようなものなのかは、レポートを見ただけでは分かりません。レポートには必ずタイトルを付けておきましょう。ここでは顧客住所の一覧だと分かるタイトルを付けました。レポートにタイトルを付けるときは、タイトルのためのラベルを [ページヘッダー] セクションに追加します。このときに、タイトルがレポートのほかの部分よりも目立つように、フォントサイズを大きくしたり、色を付けたりして、工夫してみましょう。

レポートに罫線と画像を挿入するには

線、イメージ

レポートには罫線や画像を追加できます。[ページヘッダー]セクションに罫線や会社のロゴを追加して、レポートを見やすくしてみましょう。

📄 練習用ファイル　線、イメージ.accdb

罫線を挿入する

1 [コントロール] の一覧を表示する

レッスン51を参考に [顧客住所一覧レポート]をデザインビューで表示しておく

1 [レポートデザインツール]の [デザイン]をクリック

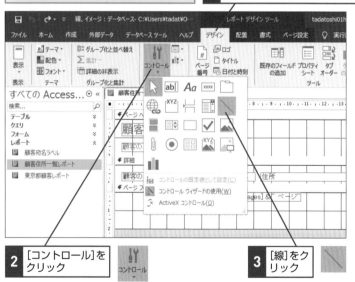

2 [コントロール]を
クリック

3 [線]をク
リック

-ⵟ-Hint!

線の色や太さを変更するには

線の色や太さを変更するには、線が選択されている状態で、[レポートデザインツール]の[書式]タブにある[図形の枠線]ボタンをクリックしましょう。[図形の枠線]ボタンの[テーマの色]や[標準の色]の一覧から色を選択すれば、線の色を変更できます。また、線の太さを変更するには、[図形の枠線]ボタンの[線の太さ]をクリックして、表示される一覧から太さを選びましょう。

2 [ページヘッダー]セクションに罫線を引く

| マウスポインターの形が変わった | + | カーソルを真っすぐ横にドラッグして罫線を引く |

1 ここにマウスポインターを合わせる

2 ここまでドラッグ

[15]の目盛りの少し手前までドラッグする

顧客住所一覧レポート

```
◀ ページ ヘッダー
  顧客住所一覧表
  顧客の氏名     住所
◀ 詳細
  顧客の氏名     郵便番号   都道府県   住所
◀ ページ フッター
              =[Page] & "/" & [Pages] & " ページ"
```

[ページヘッダー]セクションに罫線が挿入された

顧客住所一覧レポート

```
◀ ページ ヘッダー
  顧客住所一覧表
  顧客の氏名     住所
◀ 詳細
  顧客の氏名     郵便番号   都道府県   住所
◀ ページ フッター
              =[Page] & "/" & [Pages] & " ページ"
```

次のページに続く

画像を挿入する

3 [コントロール]の一覧を表示する

[ページヘッダー]セクションに画像を挿入する

1 [コントロール]を
クリック

2 [イメージ]を
クリック

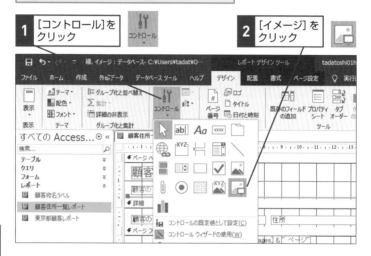

4 ドラッグして画像の大きさを決める

マウスポインターの
形が変わった

1 ここにマウスポインターを
合わせる

2 ここまでドラッグ

5 画像を挿入する

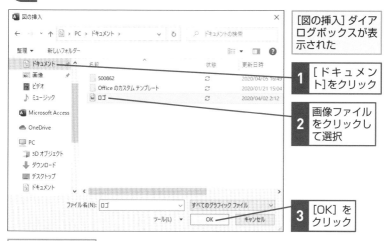

[図の挿入]ダイアログボックスが表示された

1 [ドキュメント]をクリック

2 画像ファイルをクリックして選択

3 [OK]をクリック

画像が挿入された

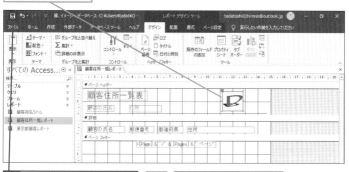

4 [上書き保存]をクリック レポートが保存される

いろいろなレポートを作ってみよう

レポートを使えば、さまざまな情報を加工して表示したり印刷したりできます。例えば、テーブルに入力されたすべてのデータを一覧に表示したり、クエリの実行結果を印刷したりすることができます。レポートを使う上で、一番利用価値の高い方法は、クエリの実行結果をレポートにする方法です。テーブル内の特定の条件に合うレコードだけを印刷したいときに、クエリと組み合わせることで簡単に目的のレコードだけを印刷できます。また、本章のレッスン49以降で紹介しているようにレポートをデザインビューで表示すれば、自由な書式で思い通りのレポートを作れます。Accessのレポート機能を活用すれば、単純な一覧表だけではなく、あて名ラベル、請求書や納品書、決算報告書などの作成もお手の物です。いろいろなレポートを工夫して作ってみましょう。

レポートのデザインビュー

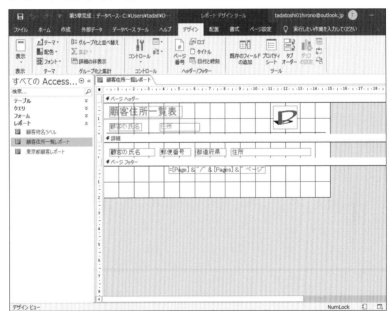

クエリで抽出したデータから、目的に合わせて自由に
デザインしたレポートを作成できる

第 **6** 章

リレーショナル
データベースを作成する

この章では、Accessのリレーショナル
データベースとしての機能を中心に紹介
していきます。リレーショナルデータベー
スとは一体どのようなものなのか、リレー
ショナルデータベースを使うとどんなこ
とができるのかについて説明します。

リレーショナル
データベースとは

リレーショナルデータベースの基本

この章では、Accessをリレーショナルデータベースとして使う方法を説明します。はじめに、リレーショナルデータベースの基本を覚えておきましょう。

データベースの種類

一般にデータベースには、テーブルを1つしか使わないカード型データベースと、複数のテーブルを関連付けて使えるリレーショナルデータベースがあります。2つのデータベースの違いを見てみましょう。

●カード型データベースの特長

カード型データベースはテーブルを1つだけ使って、データを蓄えるデータベースのことです。住所録と請求書を管理するためには、データベースをそれぞれ作る必要があります。

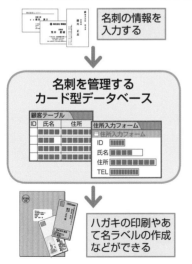

名刺の情報を入力する

名刺を管理するカード型データベース

ハガキの印刷やあて名ラベルの作成などができる

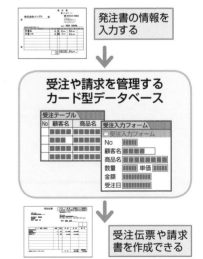

発注書の情報を入力する

受注や請求を管理するカード型データベース

受注伝票や請求書を作成できる

●リレーショナルデータベースの特長

リレーショナルデータベースは、カード型データベースと同様の機能を利用できるのに加えて、テーブル同士の関連付けができます。住所録と請求データをお互いに関連付けすることによって、1つのデータベースで住所録と請求書といった複数の情報を扱えます。

名刺の情報と発注書の情報を1つのデータベースに入力する

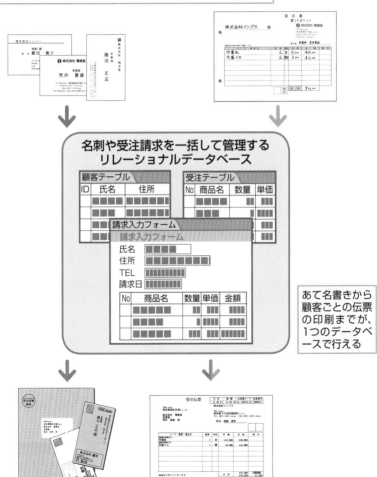

あて名書きから顧客ごとの伝票の印刷までが、1つのデータベースで行える

リレーションシップとは

リレーションシップの仕組み

リレーションシップとは関連付けという意味で、テーブル間を関連付けることを指します。テーブルを関連付けると、何ができるのか見てみましょう。

リレーションシップを使わない場合と使った場合の違い

複雑なテーブルを作りたいときは、リレーションシップを使います。入力ミスを減らせるだけではなく、テーブルを効率よく管理できます。

●リレーションシップを設定していない請求管理のテーブル

請求日付	会社名	担当者名	商品1	数量1	単位1	単価1	商品2
2019/11/01	天邦食品株式会社	阿佐田 幸一	作業机	2	台	¥1	
2019/11/05	有限会社 井上フーツ	井上 啓	簡易ベッド	3	台	¥2	
2019/11/10	天邦食品歌舞しk会社	阿佐田 幸一	木目調棚	4	セット	¥3	
2019/11/15	有限会社 井上Foods	井上 啓	作業机	1	台	¥1	
2019/11/15	レストラン ハッピー	望月 弘訓	テーブル	5	台	¥2	
2019/11/20	有限会社 井上フーツ	井上 啓	食器棚	3	式	¥28,000	

フィールドが多すぎるとデータの誤入力が増え、管理もしにくい（左の画面では会社名に入力ミスが多い）

●テーブルを［請求］と［顧客］に分けてリレーションシップを設定

請求日付	顧客ID	商品1	数量1	単位1	単価1	商品2	数量2	単位2
2019/11/01	1	作業机	2	台	¥15,000	作業椅子	2	
2019/11/10	1	木目調棚	4	セット	¥30,000	テーブル	1	
2019/11/05	2	簡易ベッド	3	台	¥20,000		0	
2019/11/15	2	作業机	1	台	¥15,000		0	
2019/11/20	2	食器棚	3	式	¥28,000		0	
2019/11/15	3	テーブル	5	台	¥24,000	丸椅子	20	脚

テーブルを請求と顧客情報に分ければ、入力するフィールドが減り、ミスを減らせる

顧客ID	会社名	担当者名	郵便番号	都道府県
1	天邦食品株式会社	阿佐田 幸一	102-0075	東京都
2	有限会社 井上フーツ	井上 啓	250-0014	神奈川県
3	レストラン ハッピー	望月 弘訓	170-0001	東京都

［顧客ID］フィールドの数字で2つのテーブルを関連付ける

リレーションシップを使ってテーブルを関連付ける

リレーショナルデータベースでは、リレーションシップという機能を使ってテーブル同士の関連付けができます。テーブルの1つのレコードに対して、別のテーブルの複数のレコードを関連付けることで、1つのテーブルだけでは実現できない複雑なデータベースを作ることができるのです。第6章では、第1章で作成した顧客テーブルに加えて、新たに請求テーブルと請求明細テーブルを追加して、請求書を管理するデータベースを作成します。

◆顧客テーブル
基本編で作成したテーブルで顧客情報を管理する

顧客ID	会社名	担当者名	郵便番号	都道府県
1	天邦食品株式会社	阿佐田　幸一	102-0075	東京都
2	有限会社　井上フーツ	井上　啓	250-0014	神奈川県
3	レストラン　ハッピー	望月　弘訓	170-0001	東京都

◆リレーションシップ

◆請求テーブル
請求が発生した日付や顧客名、請求内容を管理する

請求ID	請求日付	顧客ID
1	2019/11/01	1
2	2019/11/05	2
3	2019/11/10	1
4	2019/11/15	3
5	2019/11/15	2
6	2019/11/20	2

◆リレーションシップ

◆請求明細テーブル
注文のあった商品の名称や個数、単価などの情報を管理する

請求明細ID	請求ID	商品名	数量1	単位1	単価1
1	1	作業机	2	台	¥15,000
2	1	作業椅子	2	脚	¥8,000
3	1	食器棚	1	式	¥28,000
4	2	簡易ベッド	3	台	¥20,000
5	3	木目調棚	4	セット	¥30,000
6	3	テーブル	1	台	¥24,000

リレーショナル
データベースを作るには
リレーショナルデータベース

ここでは請求管理データベースを作って、実務に即した
Accessの機能を紹介します。リレーショナルデータベース
でできることと、作成の流れを見てみましょう。

リレーショナルデータベースでできること

Accessはさまざまなデータを管理できますが、本書では、請求を管理
するデータベースの作成方法を紹介します。このデータベースを通して、
以下のようなことができます。

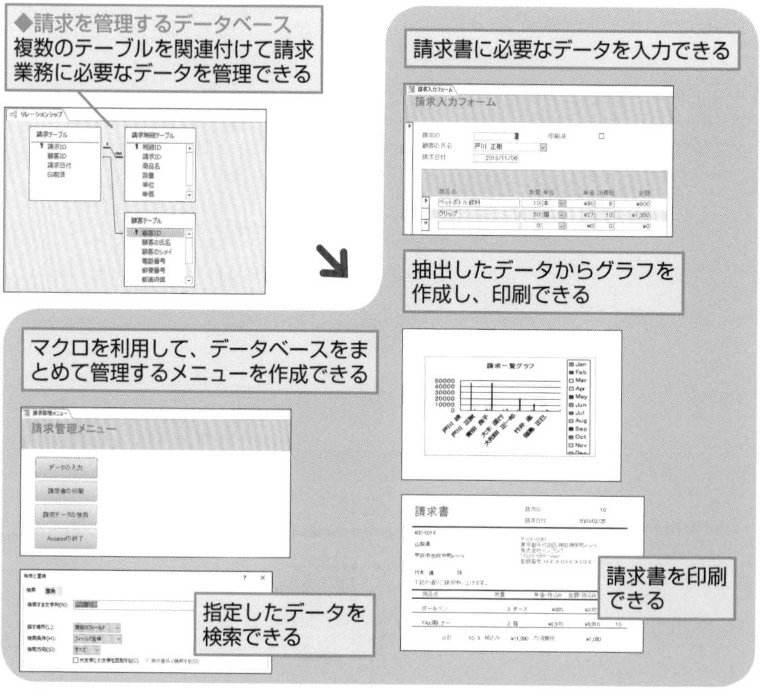

◆請求を管理するデータベース
複数のテーブルを関連付けて請求
業務に必要なデータを管理できる

請求書に必要なデータを入力できる

抽出したデータからグラフを
作成し、印刷できる

マクロを利用して、データベースをま
とめて管理するメニューを作成できる

指定したデータを
検索できる

請求書を印刷
できる

どんなデータベースも作るときの考え方は同じ

この後のレッスンでは、請求を管理して最終的に請求書を印刷するための
データベースを作っていきます。そのほかのデータベースも、これから作っ
ていく請求管理データベースと同じ考え方で作成できます。例えば、見積も
りや発注を管理するデータベースも、このレッスンで紹介している流れで作
成できます。

データベース作成の流れ

第6章では、複数のテーブルで関連付けを設定し、複数のテーブルにデー
タを入力できるフォームを作成します。さらに、条件に合ったレコード
の削除や更新を行う方法を紹介します。また、第7章では、顧客情報や
請求情報、請求明細のテーブルを利用して、請求書を作成します。請求
管理データベースの作成を通じて、リレーショナルデータベースを使い
こなすテクニックを1つずつ覚えていきましょう。

任意のデータを抽出した
請求書などが作成できる

請求書		請求ID	10
		請求日付	2020/02/25

400-0014

山梨県

甲府市古府中町x-x-x

〒101-0051
東京都千代田区神田神保町x-x-x
株式会社インプレス
TEL03-6837-xxxx
登録番号 XXXXXXXXXXXXXXX

竹井 進　　様

下記の通りご請求申し上げます。

商品名	数量		単価(税込み)	金額(税込み)	消費税%
ボールペン	3	ダース	¥990	¥2,970	10
FAX用トナー	3	箱	¥2,970	¥8,910	10
合計	10 %	税込み	¥11,880	内消費税	¥1,080

関連付けするテーブルを作成するには

主キー

請求管理に必要なテーブルを作りましょう。第2章で作った [顧客テーブル] に加えて、新しく [請求テーブル] と [請求明細テーブル] の2つを作ります。

📄 練習用ファイル 主キー.accdb

このレッスンの目的

この章では、請求管理に必要となる [請求テーブル] と [請求明細テーブル] の2つを作成します。テーブルの作成は第2章で解説していますが、ここではデザインビューを利用してフィールドを入力しデータ型を設定しましょう。なお、[顧客テーブル] は第2章で作成したテーブルをそのまま使います。

◆請求テーブル
1件1件の請求を管理する

請求テーブル	
フィールド名	データ型
請求ID	オートナンバー型
顧客ID	数値型
請求日付	日付/時刻型
印刷済	Yes/No型

◆請求明細テーブル
請求の商品や数量、金額など、内訳を管理する

請求テーブル 請求明細テーブル	
フィールド名	データ型
明細ID	オートナンバー型
請求ID	数値型
商品名	短いテキスト
数量	数値型
単位	短いテキスト
単価	通貨型

◆顧客テーブル
顧客の氏名や住所などを管理する

基本編で作成したものを利用する

請求テーブル 請求明細テーブル 顧客テーブル	
フィールド名	データ型
顧客ID	オートナンバー型
顧客の氏名	短いテキスト
顧客のシメイ	短いテキスト
電話番号	短いテキスト
郵便番号	短いテキスト

·̣·Ö·Hint!

[Yes/No型] って何?

手順2で設定している [Yes/No型] とは、「Yes」(True) か「No」(False)
の2つの値のどちらかを選択できるデータ型で、いわゆる二者択一のフィー
ルドに設定して利用します。[Yes/No型] のデータ型を設定すると、テー
ブルにチェックボックスが表示され、チェックの有無で「Yes」か「No」
かを判定できます。

[請求テーブル] を作成する

1 [請求テーブル] を新規作成する

レッスン8を参考に[主キ
ー.accdb]を開いておく

ここではデザインビューでフィールドを追加する
ので、[テーブルデザイン]をクリックする

1 [作成]タブを
クリック

2 [テーブルデザイン] を
クリック

練習用ファイルでは、[顧客テーブル]が
作成済みの状態になっている

2 フィールドを追加する

フィールド名	データ型
請求ID	オートナンバー型
顧客ID	数値型
請求日付	日付/時刻型
印刷済	Yes/No型

[テーブル1] がデザインビューで
表示された

1 レッスン9を参考に左の
フィールドを追加

フィールド名	データ型	説明(オプション)
請求ID	オートナンバー型	
顧客ID	数値型	
請求日付	日付/時刻型	
印刷済	Yes/No型	

次のページに続く

3 [請求ID] フィールドに主キーを設定する

ほかのテーブルからデータを参照させるために、[請求ID]フィールドに主キーを設定する

1 [請求ID]を
クリック

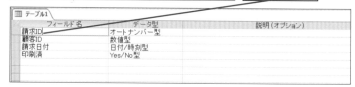

2 [テーブルツール] の [デザイン] タブを
クリック

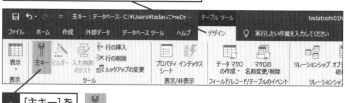

3 [主キー]を
クリック

[請求ID] フィールドに
主キーが設定された

4 [請求ID] に鍵のマークが
付いたことを確認

∇ Hint!
「主キー」って何?

主キーとは、レコードを素早く整列して、並べ替えができるようにするためのデータベース上の設定です。テーブルにあるレコードを識別し、素早く目的のデータを探し出すために、ほかのレコードと重複しないこととデータが必ず入力されることを条件としたフィールドに主キーの設定を行います。[オートナンバー型] に設定したフィールドは、必ず連番のデータが自動的に入力され、ほかのデータと重複しません。そのため、手順3では [請求ID] フィールドに主キーを設定します。

☼ Hint!

関連付けするフィールドを主キーにする

テーブル同士で関連付けを行う
ときは、ほかのテーブルを参照
するフィールドに主キーを設定
しましょう。このレッスンの手
順4までで作成した［請求テー
ブル］は、手順5以降で作成す
る［請求明細テーブル］を参照
します。ここでは、［請求テー
ブル］の［請求ID］フィールド
で参照するので、［請求テーブ
ル］の［請求ID］フィールドを
主キーに設定します。

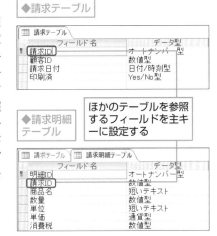

ほかのテーブルを参照
するフィールドを主キ
ーに設定する

4 テーブルを保存する

ここまでの作業を保存するために［上書き保存］を実行する

1 ［上書き保存］を
クリック

［名前を付けて保存］ダイアログボックスが表示された

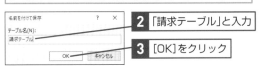

2 「請求テーブル」と入力

3 ［OK］をクリック

［請求テーブル］を閉じておく

次のページに続く

[請求明細テーブル] を作成する

5 [請求明細テーブル] を新規作成する

商品の請求明細を管理するための [請求明細テーブル]を作成する

1 [作成]タブをクリック

2 [テーブルデザイン]をクリック

主キー：データベース- C:¥Users¥tadat¥OneDrive¥ドキュメント¥500862¥活用編_第1章¥主...　tadatoshi01h

ファイル　ホーム　作成　外部データ　データベースツール　ヘルプ　♡ 実行したい作業を入力してください

アプリケーションパーツ ▾ | テーブル | テーブルデザイン | SharePointリスト ▾ | クエリウィザード | クエリデザイン | フォーム | フォームデザイン | 空白のフォーム | 📑フォームウィザード / 🗐ナビゲーション ▾ / 🗐その他のフォーム ▾ | レポート | レポートデザイン | 空白...レポ

テンプレート　　　　テーブル　　　　クエリ　　　　　フォーム　　　　　　　　　　レポート

6 続けてフィールドを追加する

フィールド名	データ型	フィールドサイズ
明細ID	オートナンバー型	−
請求ID	数値型	−
商品名	短いテキスト	40
数量	数値型	−
単位	短いテキスト	10
単価	通貨型	−
消費税	数値型	−

[テーブル1] がデザインビューで表示された

1 レッスン9を参考に左のフィールドを追加

テーブル1		
フィールド名	データ型	説明 (オプション)
明細ID	オートナンバー型	
請求ID	数値型	
商品名	短いテキスト	
数量	数値型	
単位	短いテキスト	
単価	通貨型	
消費税	数値型	

2 手順3を参考に [明細ID] を主キーに設定

☼ Hint!

データシートビューで作成する場合との違い

このレッスンでは、[テーブルデザイン] ボタンをクリックして、データシートビューを表示してからテーブルにフィールドを追加しています。レッスン9で紹介したように、データシートビューでもフィールドの追加は可能です。しかし、データシートビューでは、テーブルの属性をすべて設定できません。フィールドの属性を細かく設定するときは、デザインビューを利用しましょう。

7 [商品名]のフィールドサイズを設定する

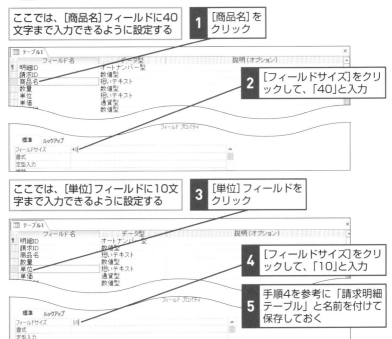

ここでは、[商品名]フィールドに40文字まで入力できるように設定する

1 [商品名]をクリック

2 [フィールドサイズ]をクリックして、「40」と入力

ここでは、[単位]フィールドに10文字まで入力できるように設定する

3 [単位]フィールドをクリック

4 [フィールドサイズ]をクリックして、「10」と入力

5 手順4を参考に「請求明細テーブル」と名前を付けて保存しておく

[請求明細テーブル]を閉じておく

Point どのように関連付けるかを考えてテーブルを作成しよう

関連付けを行う複数のテーブルを作成するときは、各テーブルの目的と役割を最初に整理しておきましょう。このレッスンでは、1件1件の請求を管理する[請求テーブル]と、商品や数量、金額などの内訳を管理する[請求明細テーブル]を作成しました。詳しい操作は次のレッスンで行いますが、2つのテーブルの[請求ID]フィールドで関連付けを行います。レッスンを参考に、適切なテーブルを作成できるようにしましょう。

テーブル同士を関連付けるには

リレーションシップ

リレーションシップとは、テーブル同士を関連付けることをいいます。リレーションシップウィンドウで［請求テーブル］と［請求明細テーブル］を関連付けます。

📄 練習用ファイル リレーションシップ.accdb

このレッスンの目的

［リレーションシップ］の機能を使って［請求テーブル］と［請求明細テーブル］を［請求ID］フィールドで関連付けます。

● ［請求テーブル］

請求ID	顧客ID	請求日付	印刷済
1	戸川　正樹	2019/11/06	
2	大和田　正一郎	2019/11/06	

> ［請求テーブル］のレコード1つに対して［請求明細テーブル］のレコードを複数保存できるように関連付ける

● ［請求明細テーブル］

明細ID	請求ID	商品名	数量	単位	単価
1	1	万年筆	1	本	¥15,000
2	1	クリップ	50	個	¥33
3	2	ボールペン	2	本	¥1,000

> ［請求ID］フィールドで関連付けを行う

1 リレーションシップウィンドウを表示する

テーブル同士の関連付けを設定するためのリレーションシップウィンドウを表示する

1 ［データベースツール］タブをクリック

2 ［リレーションシップ］をクリック

2 関連付けを行うテーブルを追加する

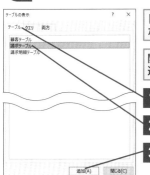

[テーブルの表示] ダイアログ
ボックスが表示された

関連付けを行うテーブルを
選択して追加する

1 [テーブル]タブをクリック

2 [請求テーブル]をクリック

3 [追加]をクリック

⚠️ 間違った場合は?

違うテーブルを追加したときは、さらに、間違って追加したテーブルをクリックしてから Delete キーを押して削除し、手順1から操作をやり直します。

リレーションシップウィンドウに
[請求テーブル]が追加された

◆リレーションシ
ップウィンドウ

続いて [請求明細テー
ブル]を追加する

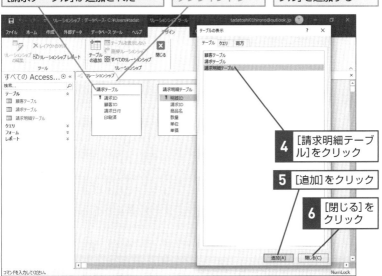

4 [請求明細テーブル]をクリック

5 [追加]をクリック

6 [閉じる]を
クリック

次のページに続く

3 2つのテーブルを関連付ける

[請求テーブル]の[請求ID]フィールドと[請求明細テーブル]の[請求ID]フィールドにリレーションシップを設定して、2つのテーブルを関連付ける

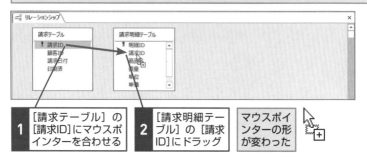

1 [請求テーブル]の[請求ID]にマウスポインターを合わせる	**2** [請求明細テーブル]の[請求ID]にドラッグ	マウスポインターの形が変わった

4 リレーションシップを設定する

[リレーションシップ]ダイアログボックスが表示された

リレーションシップの詳細を設定する

[テーブルクエリ]と[リレーションテーブル/クエリ]に[請求ID]が表示されていることを確認する

1 [参照整合性][フィールドの連鎖更新][レコードの連鎖削除]をクリックして、チェックマークを付ける

2 [作成]をクリック

☼ Hint!

「参照整合性」って何？

参照整合性とは、2つのテーブル間で結び付けられたフィールドの内容に矛盾が起きないようにする機能です。「1対多」リレーションシップで参照整合性を設定できます。参照整合性を設定しておくと、「1」側のレコードを削除できなくなります。単独で削除ができるのは「多」側のレコードだけです。また、対応する「1」側のレコードが存在しないときに「多」側のレコードは入力できません。これは、明細を持つ請求書の明細以外を単独で削除できないことと「請求書が存在しない明細は入力できないことを表しています。

5 設定したリレーションシップを保存する

2つのテーブルが[請求ID]フィールド
によって関連付けられた

リレーションシップウィンドウの
レイアウトを保存する

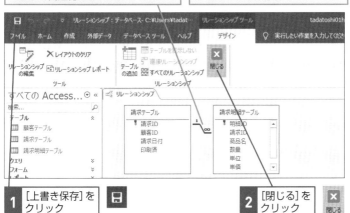

1 [上書き保存]を
クリック 🔲

2 [閉じる]を
クリック ❎
閉じる

▽Hint!

リレーションシップを削除するには

設定したリレーションシップを削除するには、フィールド同士を結び付けて
いる結合線を右クリックしてから、[削除]をクリックします。

Point 最も使われるのは「1対多」リレーションシップ

テーブルの関連付けで最も使われるのは「1対多」リレーションシッ
プです。このレッスンのようにテーブルを「1対多」で設計すると、
1枚の請求書に複数の明細が入力できるようになります。このとき
は、請求書が「1」側、明細が「多」側のリレーションシップを設
定します。また、複数の請求書から1つの取引先を参照したいとき
は、請求書が「多」側、取引先が「1」側になります。リレーショ
ンシップを設定するときは、どちらが「多」側でどちらが「1」側
になるのかを考えておきましょう。

レッスン
65

ほかのテーブルにある データを参照するには

ルックアップウィザード

データの入力時にほかのテーブルの内容が一覧で表示される設定を「ルックアップ」といいます。[請求テーブル]の[顧客ID]にルックアップを設定しましょう。

📄 練習用ファイル ルックアップウィザード.accdb

このレッスンの目的

[顧客テーブル]にある顧客名を参照して、[請求テーブル]の[顧客の氏名]フィールドにデータを入力できるように設定します。

[請求テーブル]の[顧客ID]フィールドのデータ型を変更して、[顧客テーブル]にある顧客名を選択できるようにする

[顧客テーブル]にある顧客名を参照する

ᐁ Hint!

クエリの実行結果にもルックアップを設定できる

ルックアップウィザードでは、テーブルだけではなく、クエリの実行結果にもルックアップを設定できます。例えば、住所に「東京都」が含まれる顧客を抽出するクエリを作り、そのクエリをルックアップウィザードで設定すると、住所が東京都の顧客名を一覧に表示できます。レコード数が多く「特定の条件で抽出した一覧からすぐにデータを入力したい」というときは、クエリを参照するといいでしょう。

1 [ルックアップウィザード] を表示する

レッスン13を参考に[請求テーブル]を デザインビューで表示しておく	[顧客ID]に入力する値を参照するため [ルックアップウィザード]を起動する

1 [顧客ID]のデータ型を クリック	**2** ここをク リック	**3** [ルックアップウィザード] をクリック

2 [顧客ID] フィールドに表示する値の種類を選択する

[ルックアップウィザード]が 表示された	ほかのテーブルにある値を 参照できるようにする

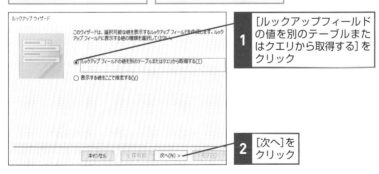

1 [ルックアップフィールド
の値を別のテーブルまた
はクエリから取得する]を
クリック

2 [次へ]を
クリック

次のページに続く

3 参照するテーブルを選択する

ここでは[顧客テーブル]を選択する

1 [テーブル]をクリック

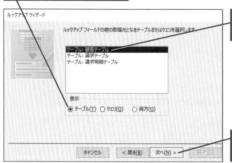

2 [テーブル:顧客テーブル]をクリック

3 [次へ]をクリック

4 値の参照元となるフィールドを選択する

リレーションシップを設定した[顧客ID]フィールドと、
画面に表示する[顧客の氏名]フィールドを追加する

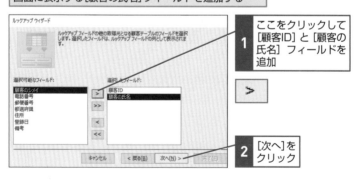

1 ここをクリックして[顧客ID]と[顧客の氏名]フィールドを追加

2 [次へ]をクリック

☆ Hint!

値の取得元となるフィールドって何?

ルックアップウィザードでは、データシートビューなどでデータを入力するときに、ルックアップされるテーブルに実際に入力するフィールドと、表示するフィールドを設定します。

5 フィールドの表示順を確認する

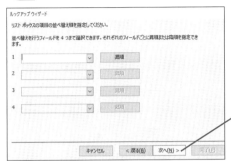

手順4で選択した複数の
フィールドで表示順を設
定できる

ここでは特に表示順を
設定しない

1 [次へ]を
クリック

6 列の幅を指定する

表示される一覧の列の
幅を調整できる

ここでは十分に幅があるので
特に変更しない

1 [キー列を表示しない]
にチェックマークが付
いていることを確認

2 [次へ]を
クリック

次のページに続く

7 フィールドのラベルを指定する

ルックアップを設定
したフィールド名を
変更できる

ここではフィールド名を
変更しない

1 [完了] を
クリック

テーブルの変更に関する確認のメッセージが表示された

2 [はい]を
クリック

ルックアップの設定が完了したので
[請求テーブル]を閉じる

3 ['請求テーブル'を閉じる]
をクリック

[請求テーブル]から[顧客テーブル]の
データを参照できるようになった

·̣Ϙ· Hint!

ルックアップで設定されるリレーションシップ

テーブルにルックアップを設定すると、テーブル同士にリレーションシップ
が自動的に設定されます。このレッスンでは、多くの[顧客ID]が含まれる
[請求テーブル]に、[顧客ID]1つに対して1つの顧客名が入力されている[顧
客テーブル]を参照するルックアップを作成するので、「多対1」のリレーショ
ンシップが設定されます。

8 リレーションシップウィンドウを表示する

設定したルックアップを確認するために、リレーションシップウィンドウを表示する

1 [データベースツール] タブをクリック

2 [リレーションシップ] をクリック

リレーションシップウィンドウが表示された

3 [すべてのリレーションシップ] をクリック

ルックアップを設定したので、自動的にテーブルの関連付けが作成されている

ウィンドウをドラッグしてテーブルの位置を調整しておく

レッスン64を参考にリレーションシップを保存して、閉じておく

Point ルックアップもリレーションシップの1つ

フィールドにルックアップを設定すると、入力時に参照先のテーブルの内容が一覧として表示され、そこから内容を選べるようになります。これは、ルックアップを設定すると自動的にテーブル同士が関連付けられるためです。テーブルにルックアップを設定すると、多対1のリレーションシップが自動的に設定されます。顧客名のように、一覧からほかのテーブルの内容を入力したいときにはルックアップを使いましょう。

関連付けされたテーブルから データを入力するには

サブデータシート

テーブルにデータを入力してみましょう。サブデータシートを使えば、リレーションシップが設定された別のテーブルにもデータを入力できます。

📄 練習用ファイル　サブデータシート.accdb

このレッスンの目的

サブデータシートを使えば、[請求明細]テーブルを表示しなくても、データを入力できる。

> [請求テーブル]とリレーションシップが設定された[請求明細]テーブルが、[サブデータシート]として表示される

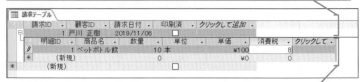

> サブデータシートにデータを入力すると、[請求明細]テーブルにデータを入力できる

✦ Hint!

新しい顧客の氏名を追加するには

手順1のようにルックアップを設定したフィールドでは、ルックアップで設定した参照先のテーブルの内容が一覧で表示されます。この一覧からデータを入力できますが、ここで表示されるのは参照先のテーブルに存在するレコードのみです。一覧にない新しい顧客名を入力するには、参照先の[顧客テーブル]にデータを追加しましょう。[顧客テーブル]に新しい顧客名を入力しておけば、[請求テーブル]のデータシートの[顧客ID]フィールドから選択できるようになります。

1 顧客の氏名と請求日を入力する

レッスン10を参考に [請求テーブル] をデータ
シートビューで表示しておく

[請求テーブル] に入力するデータ

顧客ID	戸川 正樹（[顧客テーブル] から参照）
請求日付	2019/11/06

1 [顧客ID]フィールドをクリック　**2** ここをクリック

[戸川 正樹]が
選択された

4 「2019/11/06」と
入力

5 Tab キーを
2回押す

[印刷済]のチェックマークは、はずしたままにしておく

2 サブデータシートを表示する

入力したレコードが確定し、リレーションシップを
設定したテーブルがあることを示す ⊞ が表示された

1 ここをク
リック

[請求テーブル] に関連付けられた
[請求明細テーブル]が表示された

次のページに続く

3 サブデータシートが表示された

サブデータシートを表示
すると□に変わる

[請求ID]の「1」に対する
請求の明細を入力できる

◆サブデータシート

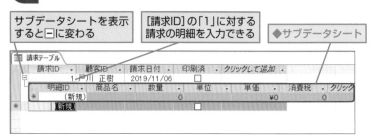

4 サブデータシートに請求明細データを入力する

[請求明細]テーブルには以下のデータを入力する

[請求明細テーブル]に入力するデータ

商品名	数量	単位	単価	消費税
ペットボトル飲料	10	本	¥100	8
クリップ	50	個	¥30	10

1	ペットボトル飲料の請求 明細データを入力	2	Tab キーを 2回押す

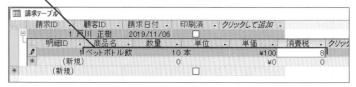

[請求明細テーブル]内の次のレコードに
カーソルが移動した

3	クリップの請求明細 データを入力	4	Tab キーを 押す

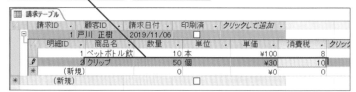

5 サブデータシートを閉じる

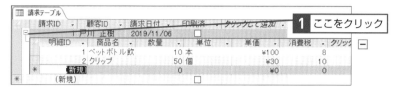

1 ここをクリック

66

サブデータシート

6 2件目の請求データを入力する

続いて2件目の請求データとして以下のデータを入力する

[請求テーブル] に
入力するデータ

顧客ID	大和田　正一郎（[顧客テーブル] から参照）
請求日付	2019/11/21

[請求明細テーブル] に入力するデータ

商品名	数量	単位	単価	消費税
ペットボトル飲料	20	本	¥100	8

1 2件目の請求データとして上のデータを入力　　[請求テーブル]を閉じておく

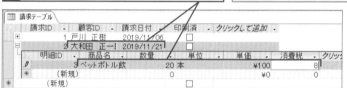

Point サブデータシートでは「1」側のテーブルを開いて入力する

「1対多」リレーションシップが設定されているテーブルをデータシートビューで開くときは、特に理由がない限り「1」側のテーブルを開きます。このレッスンでは「1」側の [請求テーブル] をデータシートビューで表示し、サブデータシートで [請求明細テーブル] を入力しました。「1」側のテーブルをデータシートビューで表示すると「多」側のテーブルがサブデータシートとして表示されます。そのため、請求と明細を一度に入力できて便利です。

205

できる

入力できる値を制限するには

レッスン **67**

入力規則

入力規則を使って［請求明細テーブル］の［数量］フィールドに0より小さい数値を入力できないように設定しましょう。

📄 練習用ファイル　入力規則.accdb

このレッスンは動画で見られます　**操作を動画でチェック！▶▶▶**　※詳しくは2ページへ

このレッスンの目的

フィールドに入力規則を設定すると、条件に合ったデータだけを入力できるように設定できる。

「0以上」の入力規則を設定したフィールドにマイナスの値を入力する

設定したエラーメッセージが表示される

💡 Hint!

さまざまな条件を比較演算子で設定できる

手順1で入力している「>=」以外にも、入力規則にはさまざまな記号を利用できます。「>」や「=」の記号は比較演算子と呼ばれます。

●入力値と入力規則の例

入力値	入力規則
>0	0より大きい数値を入力できる
>=0	0以上の数値を入力できる
<0	0より小さい数値を入力できる

入力値	入力規則
<=0	0以下の数値を入力できる
=1	1だけを入力できる
<>1	1以外を入力できる

1 [数量] フィールドの [入力規則] を設定する

レッスン13を参考に [請求明細テーブル] を
デザインビューで表示しておく

[数量] フィールドに0より小さい
値を入力できないように設定する

1 [数量]を
クリック

2 [入力規則]のここを
クリック

3 「>=0」と
入力

すべて半角文字で
入力する

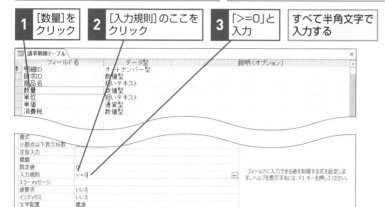

フィールド名	データ型	説明(オプション)
明細ID	オートナンバー型	
請求ID	数値型	
商品名	短いテキスト	
数量	数値型	
単位	短いテキスト	
単価	通貨型	
消費税	数値型	

書式	
小数点以下表示桁数	
定型入力	
標題	
既定値	0
入力規則	>=0
エラーメッセージ	
値要求	いいえ
インデックス	いいえ
文字配置	標準

フィールドに入力できる値を制限する式を設定します。ヘルプを表示するには、F1 キーを押してください。

2 [数量] フィールドの [エラーメッセージ] を設定する

入力規則を
設定できた

入力規則に合わない値が入力されたときに
表示するエラーメッセージを入力する

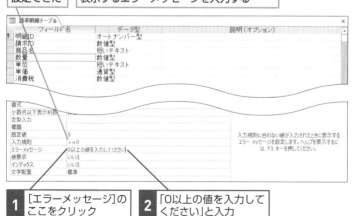

フィールド名	データ型	説明(オプション)
明細ID	オートナンバー型	
請求ID	数値型	
商品名	短いテキスト	
数量	数値型	
単位	短いテキスト	
単価	通貨型	
消費税	数値型	

書式	
小数点以下表示桁数	
定型入力	
標題	
既定値	0
入力規則	>=0
エラーメッセージ	0以上の値を入力してください
値要求	いいえ
インデックス	いいえ
文字配置	標準

入力規則に合わない値が入力されたときに表示する
エラー メッセージを設定します。ヘルプを表示するに
は、F1 キーを押してください。

1 [エラーメッセージ]の
ここをクリック

2 「0以上の値を入力して
ください」と入力

次のページに続く

3 テーブルの上書き保存を実行する

[請求明細テーブル]を上書き保存する

1 [上書き保存]を
クリック

すでに入力されているデータが入力規則に
沿っているか、既存のフィールドを検査す
るメッセージが表示された

2 [はい]をクリック

[請求明細テーブル]を閉じておく

☆ Hint!

空白を入力させないようにするには

[短いテキスト]に設定したフィール
ドに空白文字列を入力させたくない
というときは、入力規則に「trim
([フィールド名])<>""」と入力すれ
ば、空白文字列だけの入力を禁止で
きます。例えば、[単位]フィールド
で設定するときは次のように入力し
ましょう。

手順1を参考に[単位]フィールドを
選択しておく

1 [入力規則]に「trim([単位])
<>""」と入力

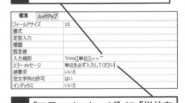

2 [エラーメッセージ]に「単位を
必ず入力してください」と入力

4 エラーメッセージを確認する

請求テーブルに任意の データを入力しておく	入力規則が正しく設定されているか確認するために、 [数量]フィールドにマイナスの値を入力する

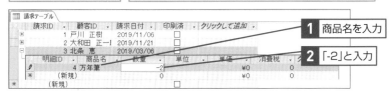

1 商品名を入力

2 「-2」と入力

3 Tab キーを 押す	[数量]フィールドに入力規則に沿っていないマイナスの 値を入力したので、エラーメッセージが表示された

4 手順2で[エラーメッセージ]に入力した
メッセージが表示されていることを確認

5 [OK]をクリック

·ᄋ˙ Hint!

AndやOr条件も設定できる

And演算子やOr演算子を使って、「〜かつ〜」や「〜または〜」といった入力規則を設定できます。ただし、AndやOrを使うときは、数式にフィールド名を記述します。例えば[単価]フィールドに「10以上でかつ100以下」の数値を入力するときは[単価]フィールドの[入力規則]に「[単価] >=10 and [単価] <=100」と入力しましょう。

Point 入力規則に合わせて エラーメッセージを設定しよう

入力規則は、条件に合ったデータだけを入力できるようにするための機能です。条件に合っていないデータを入力すると[エラーメッセージ]に入力した内容がダイアログボックスに表示されます。[エラーメッセージ]は具体的な内容にしましょう。例えば、「入力が間違っています」では、どのような値を入力すればいいのかが分かりません。「0以上の数値を入力してください」など、入力規制に合わせて設定しましょう。

入力したデータを削除するには
レコードの削除

[請求テーブル]のレコードをデータシートビューから削除します。リレーションシップが設定されていると、[請求明細テーブル]のレコードも一度に削除できます。

📄 練習用ファイル　レコードの削除.accdb
⌨ **ショートカットキー** [Delete]……レコードの削除

1 レコードを削除する

レッスン10を参考に[請求テーブル]を データシートビューで表示しておく	ここでは[請求ID]が[2]の レコードを削除する

◆レコードセレクタ

1 削除するレコードのレコードセレクタにマウスポインターを合わせる

マウスポインターの形が変わった ➡

2 そのままクリック

レコードを選択できた	**3** [ホーム]タブをクリック

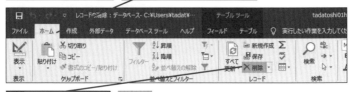

4 [削除]をクリック　✕ 削除

2 レコードを削除できたことを確認する

レコードを削除していいか、確認
のメッセージが表示された

1 [はい]を
クリック

Microsoft Access ×

⚠ このリレーションシップには参照整合性の連鎖削除が設定されているため、このテーブル、およびリレーション テーブルの関連レコードから 1 件のレコードが削除されます。

これらのレコードを削除してもよろしいですか?

[はい(Y)] [いいえ(N)] [ヘルプ(H)]

[請求ID]が[2]のデータを削除できた　　[請求テーブル]を閉じておく

| 請求テーブル |
請求ID	顧客ID	請求日付	印刷済	クリックして追加
1 戸川 正樹		2019/11/06	☐	
3 北条 恵		2019/03/06	☐	
(新規)			☐	

[請求明細テーブル]をデータ
シートビューで表示しておく

[請求ID]の値が[2]のレ
コードが削除されている

[請求明細テーブ
ル]を閉じておく

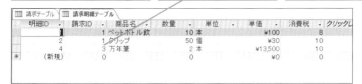

請求テーブル	請求明細テーブル						
明細ID	請求ID	商品名	数量	単位	単価	消費税	クリックし
1	1	ペットボトル飲	10 本		¥100	8	
2	1	クリップ	50 個		¥30	10	
4	3	万年筆	2 本		¥13,500	10	
(新規)			0		¥0	0	

Point　連鎖削除で関連するレコードを一度に削除できる

リレーションシップに「レコードの連鎖削除」が設定されていると、削除するレコードに関連付けられているレコードを一度に削除できます。[レコードの連鎖削除]で自動削除されるのは、「1対多」リレーションシップのときに、「1」側のテーブルのレコードを削除しようとしたときだけです。このときに、対応する「多」側のテーブルの関連するレコードが一度に削除されます。このレッスンで操作したように、[請求テーブル]のレコードを削除すると、[請求明細テーブル]のレコードも同時に削除されます。

リレーションシップの設定をマスターしよう

リレーショナルデータベースを使う上で最も重要なことは何でしょうか？ それはリレーションシップの設定です。テーブルを設計するときは、最初に元になるテーブルを考えます。例えば、請求管理のデータベースの場合、元になるデータは請求書なので、請求書をどのようなテーブルにするのかを考えます。このとき、テーブルの列方向（フィールド）に繰り返し入力しなければいけない情報があるときは、その部分を別のテーブルにして「1対多」のリレーションシップを設定します。請求書では、明細が繰り返されるので、明細を別のテーブルにして「1対多」のリレーションシップを設定するようにします。

さらに、こうして作られたすべてのテーブルを見渡して、行方向（レコード間）で同じ情報を入力するものがないかを確認します。同じ情報を繰り返し入力する必要があるときはその部分を別のテーブルにして「多対1」のリレーションシップを設定しましょう。

このように、テーブルの内容とリレーションシップとを順序立てて考えれば、複雑なリレーションシップでも分かりやすく設定できるのです。

リレーションシップの設定

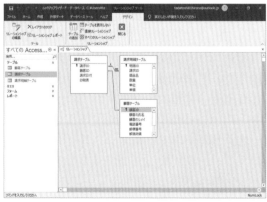

リレーションシップウィンドウでテーブル同士の関連付け（リレーションシップ）の設定や修正、確認ができる

第 **7** 章

クエリで複雑な
条件を指定する

この章では、クエリを使ってテーブルから複数の条件でデータを抽出する方法のほか、アクションクエリを使ったレコードの一括追加や一括修正の方法などを解説します。

クエリの種類を知ろう

クエリの種類

クエリにはデータを選択する選択クエリと、テーブルやレコードを修正するアクションクエリがあります。クエリの種類や仕組みを覚えましょう。

データの抽出や集計ができる選択クエリ

選択クエリを使うと、テーブルから必要なフィールドだけを抽出したり、指定した条件に合うデータを抽出したりすることができます。この章では、複数のテーブルから、[顧客の氏名]や[請求日付]などのフィールドを追加してデータを集計します。

[顧客テーブル]にある[顧客の氏名]
フィールドを利用する

[請求テーブル]にある[請求日付]
フィールドを利用する

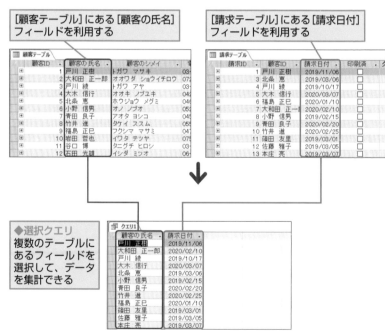

◆選択クエリ
複数のテーブルにあるフィールドを選択して、データを集計できる

データの変更や削除ができるアクションクエリ

アクションクエリを使えば、テーブルから条件にあったデータを含むレコードだけを削除できるほか、条件に合うデータの更新も可能です。

●更新クエリ

> ◆更新クエリ
> テーブルに対して、指定した条件に一致するデータを更新できる

> ある月以降の請求金額を1割引きにできる

請求日付 ▾	商品名 ▾	数量 ▾	単位 ▾	単価 ▾	消費税 ▾	税
2019/11/06	ペットボトル飲	10	本	¥100	8	
2019/11/06	クリップ	50	個	¥30	10	
2019/03/06	万年筆	2	本	¥13,500	10	
2019/10/17	コピー用トナー	3	箱	¥14,400	10	
2019/10/17	ペットボトル飲	24	本	¥100	8	
2019/10/17	ボールペン	1	ダース	¥900	10	

↓

請求日付 ▾	商品名 ▾	数量 ▾	単位 ▾	単価 ▾	消費税 ▾	税
2019/11/06	ペットボトル飲	10	本	¥90	8	
2019/11/06	クリップ	50	個	¥27	10	
2019/03/06	万年筆	2	本	¥12,150	10	
2019/10/17	コピー用トナー	3	箱	¥12,960	10	
2019/10/17	ペットボトル飲	24	本	¥90	8	
2019/10/17	ボールペン	1	ダース	¥810	10	

●削除クエリ

> ◆削除クエリ
> テーブルに対して、指定した条件に一致するデータを削除できる

請求一覧クエリ

請求ID ▾	顧客の氏名 ▾	請求日付 ▾	商品名 ▾	数量 ▾	単位 ▾	単価 ▾
1	戸川 正樹	2019/11/06	ペットボトル飲	10	本	¥90
1	戸川 正樹	2019/11/06	クリップ	50	個	¥27
3	北条 恵	2019/03/06	万年筆	2	本	¥12,150
4	戸川 綾	2019/10/17	コピー用トナー	3	箱	¥12,960
4	戸川 綾	2019/10/17	ペットボトル飲	24	本	¥90
4	戸川 綾	2019/10/17	ボールペン	1	ダース	¥810

↓

請求一覧クエリ

請求ID ▾	顧客の氏名 ▾	請求日付 ▾	商品名 ▾	数量 ▾	単位 ▾	単価 ▾
1	戸川 正樹	2019/11/06	ペットボトル飲	10	本	¥90
1	戸川 正樹	2019/11/06	クリップ	50	個	¥27
4	戸川 綾	2019/10/17	コピー用トナー	3		
4	戸川 綾	2019/10/17	ペットボトル飲	24		
4	戸川 綾	2019/10/17	ボールペン	1		
5	大木 信行	2020/03/07	ボールペン	3	ダース	¥810

> 特定の日より前の明細をまとめて削除できる

複数のテーブルから必要なデータを表示するには

選択クエリ

選択クエリを使うと、関連付けられた複数のテーブルを結合して一度に表示できます。サンプルを使って複数のテーブルを選択クエリで表示してみましょう。

📄 練習用ファイル **選択クエリ.accdb**

このレッスンの目的

3つのテーブルからフィールドを選び、請求明細の一覧が表示できるクエリを作成します。

●顧客テーブル

[顧客テーブル] [請求テーブル] [請求明細テーブル] にあるフィールドを選んでデータを抽出する

●請求テーブル

●請求明細テーブル

1 新しいクエリを作成する

レッスン8を参考に[選択クエリ.accdb]を開いておく

1 [作成]タブをクリック

2 [クエリデザイン]をクリック

2 クエリに [顧客テーブル] を追加する

新しいクエリが作成され、デザインビューで表示された

[テーブルの表示]ダイアログボックスが表示された

[テーブルの表示] ダイアログボックスで、フィールドを追加したいテーブルを選択する

1 [顧客テーブル]をクリック

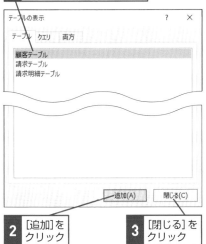

テーブルの表示   ?   ×

テーブル クエリ 両方

顧客テーブル
請求テーブル
請求明細テーブル

追加(A)   閉じる(C)

2 [追加]をクリック

3 [閉じる]をクリック

次のページに続く

③ クエリに [顧客の氏名] フィールドを追加する

[顧客テーブル]が
追加された

1 [顧客の氏名]を
ダブルクリック

[顧客テーブル]の[顧客の氏名]
フィールドが追加された

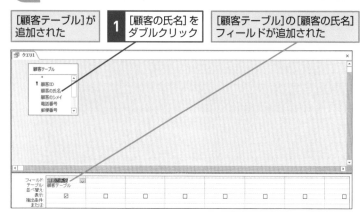

④ クエリを実行する

追加したフィールドが正しく表示
されるかどうかを確認する

1 [クエリツール]の[デザイン]
タブをクリック

2 [実行]を
クリック

[顧客テーブル]の[顧客の
氏名]フィールドのデータ
が表示される

5 デザインビューを表示する

クエリにフィールドを追加するので、デザインビューを表示する	ここでは[表示]をクリックする

1 [ホーム]タブをクリック

2 [表示]をクリック

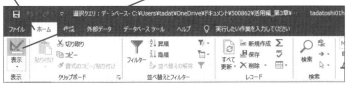

6 クエリに[請求テーブル]と[請求明細テーブル]を追加する

[クエリ1]がデザインビューで表示された

1 [クエリツール]の[デザイン]タブをクリック

2 [テーブルの追加]をクリック

[テーブルの表示]ダイアログボックスが表示された

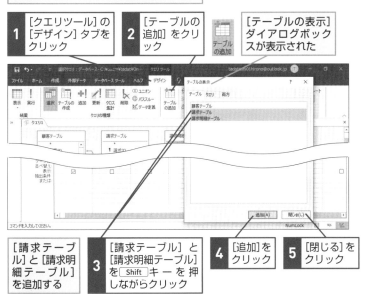

[請求テーブル]と[請求明細テーブル]を追加する	**3** [請求テーブル]と[請求明細テーブル]を Shift キーを押しながらクリック	**4** [追加]をクリック	**5** [閉じる]をクリック

次のページに続く

7 クエリに [請求日付] フィールドを追加する

[請求テーブル]と[請求明細テーブル]が追加された

レッスン65でルックアップを設定したので、テーブルの関連付けを表す結合線が表示された

1 [請求テーブル]の[請求日付]をダブルクリック

8 [請求明細テーブル] のフィールドをクエリに追加する

[請求テーブル]の[請求日付]フィールドがクエリに追加された

請求明細の情報をクエリに表示するために、[請求明細テーブル]のフィールドを追加する

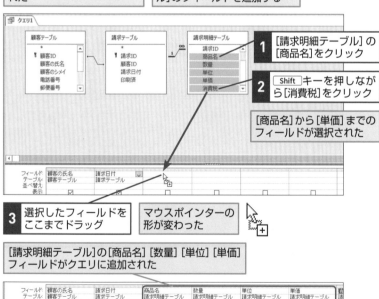

1 [請求明細テーブル]の[商品名]をクリック

2 Shift キーを押しながら[消費税]をクリック

[商品名]から[単価]までのフィールドが選択された

3 選択したフィールドをここまでドラッグ

マウスポインターの形が変わった

[請求明細テーブル]の[商品名][数量][単位][単価]フィールドがクエリに追加された

9 クエリを実行する

追加したフィールドが正しく表示
されるかどうかを確認する

1 [クエリツール]の[デザイン]
タブをクリック

2 [実行]を
クリック

[請求テーブル]と[請求明細テーブル]から選択した
フィールドのレコードが表示される

10 クエリを保存する

作成したクエリが正しく表示されたので、
このクエリに名前を付けて保存する

1 [上書き保存]を
クリック

[名前を付けて保存]ダイアログボックスが表示された

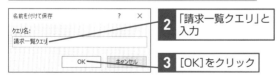

名前を付けて保存 ? ×

クエリ名:

請求一覧クエリ

OK　　キャンセル

2 「請求一覧クエリ」と
入力

3 [OK]をクリック

[請求一覧クエリを閉じる]を
クリックしてクエリを閉じる

複数の条件で
データを抽出するには
複数テーブルからの抽出

関連付けされた複数のテーブルを使ったクエリでも、特定の条件でレコードを抽出できます。このレッスンでは、請求日と商品名でレコードを抽出してみましょう。

📄 練習用ファイル　複数テーブルからの抽出.accdb

1 新しいクエリを作成する

ここでは、請求日と商品名でレコードを抽出するクエリを作成する

1 [作成]タブをクリック

2 [クエリデザイン]をクリック

2 クエリにフィールドを追加する

レッスン70を参考に[顧客テーブル][請求テーブル][請求明細テーブル]の順にテーブルを追加しておく

1 [顧客テーブル]の[顧客の氏名]フィールドを追加

2 [請求テーブル]の[請求日付]フィールドを追加

3 [請求明細テーブル]の[商品名][単価]フィールドを追加

[請求日付]フィールドの幅を広げておく

3 抽出条件を設定する

[請求日付]と[商品名] フィールドに抽出条件 を設定する	**1** [請求日付] フィールドの [抽出条件] を クリックして「>=2019/10/01 and <=2019/10/31」と入力

フィールド	顧客の氏名	請求日付	商品名	単価
テーブル	顧客テーブル	請求テーブル	請求明細テーブル	請求明細テーブル
並べ替え				
表示	☑	☑	☑	☑
抽出条件		>=#2019/10/01# And	ボールペン	
または				

2 [商品名]フィールドの[抽出条件]を クリックして「ボールペン」と入力	「ボールペン」以外、すべて 半角文字で入力する

4 クエリを実行する

設定した条件で正しくレコードが 抽出されるかどうかを確認する	**1** [クエリツール]の[デザ イン]タブをクリック

2 [実行]を クリック

5 クエリの実行結果が表示された

請求日が2019年10月中で、[商品名] フィールドに「ボールペン」と入力され ているレコードが表示された	**1** 「10月度ボールペン 注文客リスト」という 名前でクエリを保存

顧客の氏名	請求日付	商品名	単価
戸川 ●	2019/10/17	ボールペン	¥900

レッスン70を参考にクエリを閉じておく

抽出したデータを使って
金額を計算するには

フィールドを使った計算

クエリでは、フィールド同士で計算ができます。[単価]、[数量]、[税率]のフィールドを使って、税込み金額や消費税額を求めてみましょう。

📄 練習用ファイル フィールドを使った計算.accdb

このレッスンの目的

テーブルから特定のフィールドを選び、請求明細の一覧が表示できるクエリを作成します。

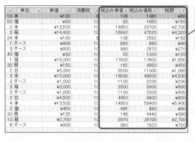

> クエリで数式を設定し、税込み単価と税込み価格、税額を求める

1 税込み単価のフィールドの名前を入力する

レッスン70を参考に[請求一覧クエリ]をデザインビューで表示しておく	[税込み単価]というフィールドを作成する	**1** 空白の列の[フィールド]をクリック	**2** 「税込み単価:」と入力

求日付	商品名	数量	単位	単価	消費税	税込み単価	
ポテーブル	請求明細テーブル	請求明細テーブル	請求明細テーブル	請求明細テーブル	請求明細テーブル		
☑	☑	☑	☑	☑	☑	☐	

「:」(コロン)は必ず半角文字で入力する	「:」の前までに入力した文字がフィールド名として、クエリの実行時に表示される

2 税込み単価の数式を入力する

[請求一覧クエリ]の[単価]フィールドの値と[消費税]
フィールドの値から税込みの単価を求める

> **1** 「税込み単価:」に続けて「int」と入力

> 半角文字で入力する

求日付 求テーブル	商品名 請求明細テーブル	数量 請求明細テーブル	単位 請求明細テーブル	単価 請求明細テーブル	消費税 請求明細テーブル	税込み単価:int	
☑	☑	☑	☑	☑	☑	☐	

> **2** 「int」に続けて「([単価]*(1+[消費税]/100))」と入力

求日付 求テーブル	商品名 請求明細テーブル	数量 請求明細テーブル	単位 請求明細テーブル	単価 請求明細テーブル	消費税 請求明細テーブル	消費税]/100))	
☑	☑	☑	☑	☑	☑	☐	

> 記号は必ず半角文字で入力する

> **3** Enter キーを押す

3 税込み価格のフィールドの名前を入力する

[税込み単価]フィールドを作成できた

続けて、[税込み価格]という
フィールドを作成する

> **1** 空白の列の[フィールド]をクリック

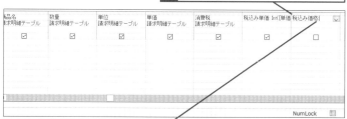

商品名 請求明細テーブル	数量 請求明細テーブル	単位 請求明細テーブル	単価 請求明細テーブル	消費税 請求明細テーブル	税込み単価 Int([単価 税込み価格:	
☑	☑	☑	☑	☑	☑	☐	

NumLock

> **2** 「税込み価格:」と入力

> 「:」（コロン）は必ず半角文字で入力する

次のページに続く

4 税込み価格の数式を入力する

手順2で作成した[税込み単価]フィールドの値を[数量]の値に掛ける

1 「税込み価格:」に続けて「[税込み単価]*[数量]」と入力

品名 求明細テーブル	数量 請求明細テーブル	単位 請求明細テーブル	単価 請求明細テーブル	消費税 請求明細テーブル	税込み単価: Int([単価 -単価]*[数量]	
☑	☑	☑	☑	☑	☑	☐

記号は必ず半角文字で入力する **2** Enter キーを押す

5 税額のフィールドの名前と数式を入力する

手順3 ～ 4で作成した[税込み価格]フィールドの値から[単価]と[数量]フィールドの値を掛けた値を引く

1 空白の列の[フィールド]をクリック

量 求明細テーブル	単位 請求明細テーブル	単価 請求明細テーブル	消費税 請求明細テーブル	税込み単価 Int([単価 税込み価格 [税込み! 税額]	
☑	☑	☑	☑	☑	☐

2 「税額:」と入力　「:」（コロン）は必ず半角文字で入力する

3 「税額:」に続けて「[税込み価格]-[単価]*[数量]」と入力

量 求明細テーブル	単位 請求明細テーブル	単価 請求明細テーブル	消費税 請求明細テーブル	税込み単価 Int([単価 税込み価格 [税込み! [単価]*[数量]	
☑	☑	☑	☑	☑	☐

記号は必ず半角文字で入力する **4** Enter キーを押す

6 クエリを実行する

レコードごとの合計金額が正しく表示されるかどうかを確認する

1 [クエリツール]の[デザイン]タブをクリック

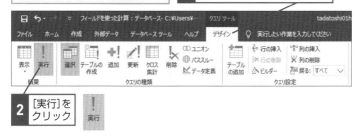

2 [実行]をクリック

7 クエリの実行結果が表示された

[単価]フィールドと[消費税]フィールドの値から、税込み単価と税込み価格、税額を求められた

顧客の氏名	請求日付	商品名	数量	単位	単価	消費税	税込み単価	税込み価格	税額
戸川 正樹	2019/11/06	ペットボトル飲	10	本	¥100	8	108	1080	¥80
戸川 正樹	2019/11/06	クリップ	50	個	¥30	10	33	1650	¥150
北条 恵	2019/03/06	万年筆	2	本	¥13,500	10	14850	29700	¥2,700
戸川 綾	2019/10/17	コピー用トナー	3	箱	¥14,400	10	15840	47520	¥4,320
戸川 綾	2019/10/17	ペットボトル飲	24	本	¥100	8	108	2592	¥192
戸川 綾	2019/10/17	ボールペン	1	ダース	¥900	10	990	990	¥90
大木 信行	2020/03/07	ボールペン	3	ダース	¥900	10	990	2970	¥270
福島 正巳	2020/01/10	クリップ	40	個	¥30	10	33	1320	¥120
大和田 正一郎	2020/02/10	コピー用トナー	1	箱	¥16,000	10	17600	17600	¥1,600
大和田 正一郎	2020/02/10	大学ノート	30	冊	¥150	10	165	4950	¥450
小野 信男	2019/02/15	カラーボックス	2	台	¥5,000	10	5500	11000	¥1,000
青田 良子	2020/02/20	万年筆	3	本	¥15,000	10	16500	49500	¥4,500
青田 良子	2020/02/20	ボールペン	2	ダース	¥1,000	10	1100	2200	¥200
竹井 進	2020/02/25	FAX用トナー	3	箱	¥3,000	10	3300	9900	¥900
竹井 進	2020/02/25	ボールペン	3	ダース	¥1,000	10	1100	3300	¥300
蒲田 友里	2019/03/01	カラーボックス	2	台	¥4,500	10	4950	9900	¥900
蒲田 友里	2019/03/01	万年筆	4	本	¥13,500	10	14850	59400	¥5,400
佐藤 雅子	2019/03/05	小型パンチ	2	個	¥450	10	495	990	¥90
佐藤 雅子	2019/03/05	大学ノート	30	冊	¥135	10	148	4440	¥390
本庄 亮	2019/03/07	FAX用トナー	10	箱	¥2,700	10	2970	29700	¥2,700
本庄 亮	2019/03/07	ボールペン	8	ダース	¥900	10	990	7920	¥720

レコード: 1 / 21

1 [請求一覧クエリ]を上書き保存

レッスン70を参考にクエリを閉じておく

作成済みのクエリから新しいクエリを作るには

クエリの再利用

作成済みのクエリから新しいクエリを作成してみましょう。
このレッスンでは、[請求一覧クエリ]に新しいフィールド
を追加してクエリを作る方法を紹介します。

🗐 練習用ファイル　クエリの再利用.accdb

このレッスンの目的

レッスン70で作成した[請求一覧クエリ]をレコードソースとして再
利用して、新しいクエリを作成します。

> 作成済みのクエリからさらに
> 必要なデータを取り出せる

1 新しいクエリを作成する

> ここでは、新しいクエリ
> を作成し、作成済みのク
> エリを選択する

1 [作成] タブをクリック

2 [クエリデザイン]をクリック

クエリ
デザイン

⨁ Hint!

「レコードソース」がクエリの元となる

レコードソースとは、フォームやクエリ、レポートで表示するデータの元になるものを指します。クエリ、フォーム、レポートではレコードソースとしてクエリやテーブルを指定できます。

2 再利用するクエリを追加する

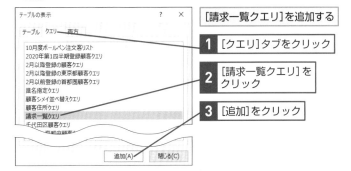

[請求一覧クエリ]を追加する

1 [クエリ]タブをクリック

2 [請求一覧クエリ]をクリック

3 [追加]をクリック

3 クエリが追加された

クエリのデザインビューに[請求一覧クエリ]が追加された

クエリのレコードソースを追加できたので[テーブルの表示]ダイアログボックスを閉じる

1 [閉じる]をクリック

次のページに続く

4 クエリにフィールドを追加する

[テーブルの表示]ダイアログ ボックスが閉じた	[請求一覧クエリ]のフィールドを 新しいクエリに追加する

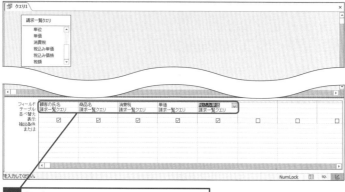

1 [顧客の氏名][商品名][消費税][単価] [税込み単価]の順にフィールドを追加

5 クエリを実行する

追加したフィールドが正しく表示 されるかどうかを確認する	**1** [クエリツール]の[デザイン] タブをクリック

2 [実行]を クリック

6 クエリの実行結果が表示された

[請求一覧クエリ]から選択した[顧客の氏名][商品名][消費税][単価] [税込み単価]フィールドのレコードが表示された

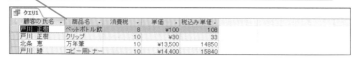

7 デザインビューを表示する

クエリに抽出条件を追加するために
デザインビューを表示する

1 [ホーム]タブを
クリック

2 [表示]を
クリック

8 抽出条件を設定する

[クエリ1]がデザイン
ビューで表示された

ここでは税率が8%の
レコードを抽出する

1 [消費税]フィールドの
[抽出条件]をクリック

2 「8」と入力

3 Enter キーを押す

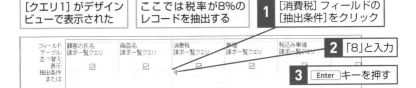

9 再度クエリを実行する

設定した条件で正しくレコードが
抽出されるかどうかを確認する

1 [クエリツール]の[デザイン]
タブをクリック

2 [実行]を
クリック

10 クエリを保存する

税率が8%のレコ
ードが表示された

1 「消費税8%抽出クエリ」と
いう名前でクエリを保存

レッスン70を参考に
クエリを閉じておく

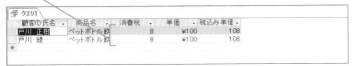

消費税ごとに
金額を集計するには
グループ化、合計

2023年に実施される予定の消費税の適格請求書に対応するために、請求単位、税率ごとに税込金額と税額を集計してみましょう。

📄 練習用ファイル　グループ化、合計.accdb

1 [請求一覧クエリ] クエリにフィールドを追加する

レッスン70を参考に [請求一覧クエリ] をデザインビューで表示しておく	ここでは、[請求一覧クエリ]に[請求ID]フィールドを追加する	**1** [請求明細テーブル]の[請求ID]にマウスポインターを合わせる

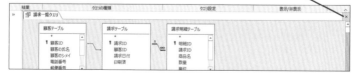

請求一覧クエリ

顧客テーブル
* 顧客ID
顧客の氏名
顧客のシメイ
電話番号
郵便番号

請求テーブル
* 請求ID
顧客ID
請求日付
印刷済

請求明細テーブル
* 明細ID
請求ID
商品名
数量
単位

2 ここまでドラッグ

ダブルクリックで追加すると順番が最後になってしまうので、ドラッグで操作する

フィールド	顧客の氏名	請求日付	商品名	数量	単位	
テーブル	顧客テーブル	請求テーブル	請求明細テーブル	請求明細テーブル	請求明細テーブル	請
並べ替え						
表示	☑	☑	☑	☑	☑	

2 [請求一覧クエリ] をクエリを保存する

[請求ID]フィールドが追加された	**1** [上書き保存]をクリック 💾	**2** ['請求一覧クエリ'を閉じる]をクリック ✕

結果		クエリの種類		クエリ設定	表示/非表示	

請求一覧クエリ

顧客テーブル
* 顧客ID
顧客の氏名
顧客のシメイ
電話番号
郵便番号

請求テーブル
* 請求ID
顧客ID
請求日付
印刷済

請求明細テーブル
* 明細ID
請求ID
商品名
数量
単位

3 クエリにフィールドを追加する

レッスン73の手順1 ～ 3を参考に、新しいクエリを
作成し、[請求一覧クエリ]を追加しておく

1 [請求一覧クエリ]から[請求ID] [消費税] [税込み価格]
[税額]の順にフィールドを追加

4 集計行を表示する

1 [クエリツール]の[デザイン]タブを
クリック

2 [集計]を
クリック

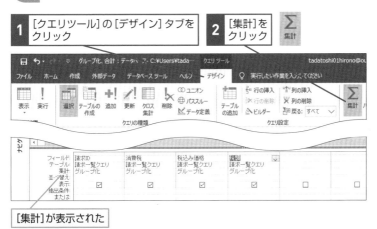

[集計]が表示された

5 請求IDと消費税の集計方法を確認する

同じ請求IDと同じ税額が、それぞれまとめて集計されるように設定する

1 [グループ化]が選択されていることを確認

次のページに続く

6 税込み価格のフィールドの名前を変更する

[税込み価格の合計:税込み価格]という
フィールドの名前に変更する

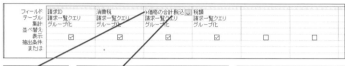

フィールド:	請求ID	消費税	み価格の合計:税込	税額		
テーブル:	請求一覧クエリ	請求一覧クエリ	請求一覧クエリ	請求一覧クエリ		
集計:	グループ化	グループ化	グループ化	グループ化		
並べ替え:						
表示:	☑	☑	☑	☑	□	□
抽出条件:						
または:						

1 ここをクリック

2 「税込み価格」の前に「税込み価格の合計:」と入力

「:」(コロン)は必ず半角文字で入力する

3 Enter キーを押す

7 税込み価格の集計方法を設定する

合計が集計されるように設定する

1 [税込み価格の合計]フィールドの[集計]をクリック

2 ここをクリック

フィールド:	請求ID	消費税	税込み価格の合計	税	税額		
テーブル:	請求一覧クエリ	請求一覧クエリ	請求一覧クエリ		請求一覧クエリ		
集計:	グループ化	グループ化	グループ化		グループ化		
並べ替え:							
表示:	☑	☑			☑	□	□
抽出条件:							
または:							

グループ化
合計
平均
最小
最大
カウント
標準偏差
分散
先頭
最後
演算
Where 条件

3 [合計]をクリック

を入力してください。

8 税額のフィールドの名前を変更する

[税額の合計:税額]というフィールドの
名前に変更する

1 ここをクリック

2 「税額」の前に「税額の合計:」と入力

フィールド:	請求ID	消費税	税込み価格の合計	税	税額		
テーブル:	請求一覧クエリ	請求一覧クエリ	請求一覧クエリ		請求一覧クエリ		
集計:	グループ化	グループ化	合計		グループ化		
並べ替え:							
表示:	☑	☑	☑		☑	□	□
抽出条件:							
または:							

「:」(コロン)は必ず半角
文字で入力する

3 Enter キー
を押す

9 税額の集計方法を設定する

合計が集計される
ように設定する

1 [税額の合計]フィールドの
[集計]をクリック

2 ここをク
リック

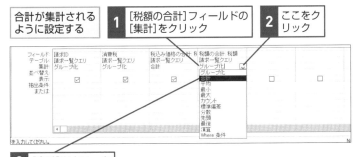

3 [合計]をクリック

10 クエリを実行する

消費税別に税込み価格の合計と、税額の合
計が正しく表示されるかどうかを確認する

1 [クエリツール]の[デザイン]
タブをクリック

2 [実行]を
クリック

11 クエリの実行結果が表示された

請求ID	消費税	税込み価格	税額の合計
1	8	1080	¥80
1	10	1650	¥150
3	10	29700	¥2,700
4	8	2592	¥192
4	10	48510	¥4,410
5	10	2970	¥270
6	10	1320	¥120
7	10	22550	¥2,050
8	10	11000	¥1,000
9	10	51700	¥4,700
10	10	13200	¥1,200
11	10	69300	¥6,300
12	10	5430	¥480
13	10	37620	¥3,420

[税込み価格の合計]フィールド
と[税額の合計]フィールドにそ
れぞれの合計が表示された

1 「消費税集計クエリ」という
名前でクエリを保存

レッスン70を参考にクエリを
閉じておく

クエリはリレーショナルデータベースに不可欠な機能

クエリの知識は、リレーショナルデータベースを上手に活用するために
は不可欠なものです。クエリはデータの表示、抽出、集計、変更、削除
といった、データベースの中核を担ういろいろな機能を持っています。
すべてのクエリの基本になるのが選択クエリと集計クエリです。たとえ
複数のテーブルを作成してそれぞれにクエリを作ったとしても、思い通
りの抽出や集計はできません。ところが、リレーションシップを設定し
たテーブル同士を使ってクエリを作成すると、複数のテーブルを1つの
テーブルとして扱うことができるようになります。その中から必要な情
報だけを取り出して、思い通りにデータを抽出したり、データを集計し
てさまざまな角度からデータを分析したりすることもできます。
さらにクエリにはアクションクエリという便利な機能があります。アク
ションクエリは、テーブルやレコードに対して、変更や削除などのアク
ションを実行するためのクエリです。アクションクエリを使うと、抽出
したレコードの特定のフィールドだけに一括で変更を加えたり、特定の
条件に合ったレコードだけを一括で削除することも簡単です。クエリを
活用して、リレーショナルデータベースを思い通りに使いこなしてみま
しょう。

複数のテーブルからのデータ抽出

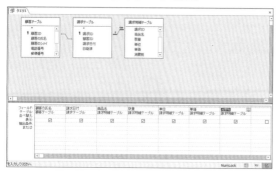

リレーションシップを
設定した複数のテーブ
ルを1つにまとめてク
エリを実行できる

付録1

データベース入力サンプル

本書の第2章と第4章、第6章で入力するデータの内容です。操作によって［顧客ID］の番号がずれる場合もありますが、本書の手順を読み進める上で特に問題はありません。なお、本書で利用する練習用ファイルは、以下のURLからダウンロードできます。

▼練習用ファイルのダウンロードページ
http://book.impress.co.jp/books/1120101141

●第2章で入力するサンプルデータ

顧客ID	顧客の氏名	顧客のシメイ	電話番号	郵便番号
1	戸川　正樹	トガワ　マサキ	03－5275－xxxx	102-0075
都道府県	住所		登録日	
東京都	千代田区三番町x-x-x		2019年09月01日	

顧客ID	顧客の氏名	顧客のシメイ	電話番号	郵便番号
2	大和田　正一郎	オオワダ　ショウイチロウ	0721－72－xxxx	585-0051
都道府県	住所		登録日	
大阪府	南河内郡千早赤阪村x-x-x		2019年09月15日	

顧客ID	顧客の氏名	顧客のシメイ	電話番号	郵便番号
3	戸川　綾	トガワ　アヤ	03－5275－xxxx	102-0075
都道府県	住所		登録日	
東京都	千代田区三番町x-x-x		2019年10月15日	

顧客ID	顧客の氏名	顧客のシメイ	電話番号	郵便番号
4	大木　信行	オオキ　ノブユキ	042－922－xxxx	359-1128
都道府県	住所		登録日	
埼玉県	所沢市金山町x-x-x		2019年11月10日	

顧客ID	顧客の氏名	顧客のシメイ	電話番号	郵便番号
5	北条　恵	ホウジョウ　メグミ	0465－23－xxxx	250-0014
都道府県	住所		登録日	
神奈川県	小田原市城内x-x-x		2019年11月20日	

顧客ID	顧客の氏名	顧客のシメイ	電話番号	郵便番号
6	小野　信男	オノ　ノブオ	052－231－xxxx	460-0013
都道府県	住所		登録日	
愛知県	名古屋市中区上前津x-x-x		2019年12月15日	

次のページに続く

顧客ID	顧客の氏名	顧客のシメイ	電話番号	郵便番号
7	青田 良子	アオタ ヨシコ	045-320-xxxx	220-0051
都道府県	住所		登録日	
神奈川県	横浜市西区中央x-x-x		2020年01月25日	

顧客ID	顧客の氏名	顧客のシメイ	電話番号	郵便番号
8	竹井 進	タケイ ススム	055-230-xxxx	400-0014
都道府県	住所		登録日	
山梨県	甲府市古府中町x-x-x		2020年02月10日	

顧客ID	顧客の氏名	顧客のシメイ	電話番号	郵便番号
9	福島 正巳	フクシマ マサミ	047-302-xxxx	273-0035
都道府県	住所		登録日	
千葉県	船橋市本中山x-x-x		2020年02月10日	

顧客ID	顧客の氏名	顧客のシメイ	電話番号	郵便番号
10	岩田 哲也	イワタ テツヤ	075-212-xxxx	604-8301
都道府県	住所		登録日	
京都府	中京区二条城町x-x-x		2020年03月01日	

顧客ID	顧客の氏名	顧客のシメイ	電話番号	郵便番号
11	谷口 博	タニグチ ヒロシ	03-3241-xxxx	103-0022
都道府県	住所		登録日	
東京都	中央区日本橋室町x-x-x		2020年03月15日	

顧客ID	顧客の氏名	顧客のシメイ	電話番号	郵便番号
12	石田 光雄	イシダ ミツオ	06-4791-xxxx	540-0008
都道府県	住所		登録日	
大阪府	大阪市中央区大手前x-x-x		2020年03月30日	

顧客ID	顧客の氏名	顧客のシメイ	電話番号	郵便番号
13	上杉 謙一	ウエスギ ケンイチ	0255-24-xxxx	943-0807
都道府県	住所		登録日	
新潟県	上越市春日山町x-x-x		※	

顧客ID	顧客の氏名	顧客のシメイ	電話番号	郵便番号
14	三浦 潤	ミウラ ジュン	03-3433-xxxx	105-0011
都道府県	住所		登録日	
東京都	港区芝公園x-x-x		※	

※登録日は自動的に入力されます。

●第4章で入力するサンプルデータ

顧客ID	顧客の氏名	顧客のシメイ	電話番号	郵便番号
15	篠田 友里	シノダ ユリ	042-643-xxxx	192-0083
都道府県	住所		登録日	
東京都	八王子市旭町x-x-x		※	

顧客ID	顧客の氏名	顧客のシメイ	電話番号	郵便番号
16	坂田 忠	サカタ タダシ	03-3557-xxxx	176-0002
都道府県	住所		登録日	
東京都	練馬区桜台x-x-x		※	

顧客ID	顧客の氏名	顧客のシメイ	電話番号	郵便番号
17	佐藤　雅子	サトウ　マサコ	0268-22-xxxx	386-0026
都道府県	住所		登録日	
長野県	上田市二の丸x-x-x		※	

顧客ID	顧客の氏名	顧客のシメイ	電話番号	郵便番号
18	津田　義之	ツダ　ヨシユキ	046-229-xxxx	243-0014
都道府県	住所		登録日	
神奈川県	厚木市旭町x-x-x		※	

顧客ID	顧客の氏名	顧客のシメイ	電話番号	郵便番号
19	羽鳥　一成	ハトリ　カズナリ	0776-27-xxxx	910-0005
都道府県	住所		登録日	
福井県	福井市大手x-x-x		※	

顧客ID	顧客の氏名	顧客のシメイ	電話番号	郵便番号
20	本庄　亮	ホンジョウ　リョウ	03-3403-xxxx	107-0051
都道府県	住所		登録日	
東京都	港区元赤坂x-x-x		※	

顧客ID	顧客の氏名	顧客のシメイ	電話番号	郵便番号
21	木梨　美香子	キナシ　ミカコ	03-5275-xxxx	102-0075
都道府県	住所		登録日	
東京都	千代田区三番町x-x-x		※	

顧客ID	顧客の氏名	顧客のシメイ	電話番号	郵便番号
22	戸田　史郎	トダ　シロウ	03-3576-xxxx	170-0001
都道府県	住所		登録日	
東京都	豊島区西巣鴨x-x-x		※	

顧客ID	顧客の氏名	顧客のシメイ	電話番号	郵便番号
23	加瀬　翔太	カセ　ショウタ	080-3001-xxxx	252-0304
都道府県	住所		登録日	
神奈川県	相模原市南区旭町x-x-x		※	

※登録日は自動的に入力されます。

●第6章のレッスン66で入力する売り上げサンプル

顧客の氏名	戸川　正樹		請求日付	2019/11/06	
商品名	数量	単位	単価		消費税
ペットボトル飲料	10	本	¥100		8
クリップ	50	個	¥30		10

顧客の氏名	大和田　正一郎		請求日付	2019/11/21	
商品名	数量	単位	単価		消費税
ペットボトル飲料	20	本	¥100		8

●第6章のレッスン67で入力する売り上げサンプル

顧客の氏名	北条　恵		請求日付	2019/03/06	
商品名	数量	単位	単価		消費税
万年筆	2	本	¥13,500		10

付録2

ExcelのデータをAccessに取り込むには

インポートという取り込み操作を行えば、Excelのデータから
Accessのテーブルを作成できます。ただし、テーブルとして利用
できるデータにはいくつかの条件があります。修正後のワークシー
トを参考にして、インポートを実行する前に表を整えておきましょう。

◆修正前のワークシート

先頭行にのみ見出し
を付けておく

空白の列を
削除する

Accessのテーブルに取り込む
順番に並べ替えておく

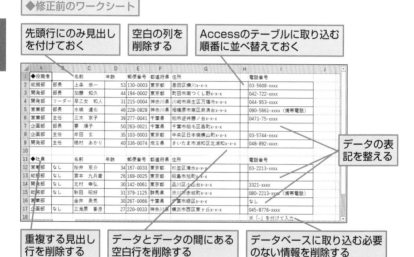

データの表
記を整える

重複する見出し
行を削除する

データとデータの間にある
空白行を削除する

データベースに取り込む必要
のない情報を削除する

注意 Excelの表をデータベースとして利用する方法については、『できるExcel
データベース 入力・整形・分析の効率アップに役立つ本 2019/2016/2013＆
Microsoft 365対応』を参考にしてください。また、Excelの操作については、『で
きる Excel 2019 Office 2019/Office365両対応』を参照ください

◆修正後のワークシート

	A	B	C	D	E	F	G	H	I	J
1	所属	役職	名前	年齢	郵便番号	都道府県	住所	電話番号		
2	総務部	部長	上手 恭一	53	130-0003	東京都	墨田区横川x-x-x	03-5608-xxxx		
3	総務部	なし	宮本 九兵衛	26	169-0025	東京都	昭島市旭町x-x-x	なし		
4	総務部	なし	新田 昭好	31	379-1125	群馬県	渋川市赤城町x-x-x	080-2213-xxxx		
5	企画部	部長	粟 順子	50	263-0021	千葉県	千葉市稲毛区轟町x-x-x	なし		
6	企画部	主任	岸田 宏	35	103-0003	東京都	中央区日本橋横山町x-x-x	03-5744-xxxx		
7	企画部	なし	三浦原 菁澄	27	220-0033	神奈川県	横浜市西区東ヶ丘x-x-x	045-8776-xxxx		
8	開発部	部長	加勝 知久	44	194-0002	東京都	町田市南つくし野x-x-x	042-722-xxxx		
9	開発部	リーダー	早乙女 和人	31	215-0004	神奈川県	川崎市麻生区万福寺x-x-x	044-953-xxxx		
10	開発部	主任	根村 あかり	40	336-0074	埼玉県	さいたま市浦和区北浦和x-x-x	048-892-xxxx		
11	開発部	なし	北村 幸弘	30	142-0061	東京都	品川区小山台x-x-x	03-3321-xxxx		
12	営業部	部長	水根 達也	46	228-0828	神奈川県	相模原市南区麻溝台x-x-x	090-5661-xxxx		

1 [外部データの取り込み]ダイアログボックスを表示する

レッスン5を参考に空のデータベースを開いておく

1 [外部データ]タブをクリック

2 [新しいデータソース]をクリック

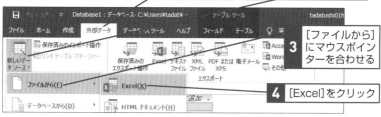

3 [ファイルから]にマウスポインターを合わせる

4 [Excel]をクリック

2 インポートするファイルを選択する

[外部データの取り込み]ダイアログボックスが表示された

1 [参照]をクリック

[ファイルを開く]ダイアログボックスが表示された

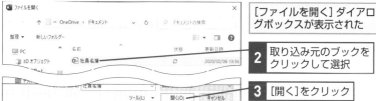

2 取り込み元のブックをクリックして選択

3 [開く]をクリック

次のページに続く

3 取り込み元のブックを確認する

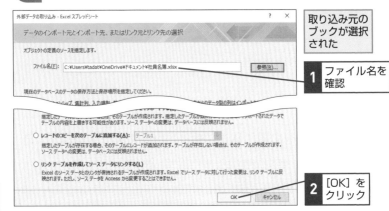

取り込み元の
ブックが選択
された

1 ファイル名を
確認

2 [OK] を
クリック

4 取り込み元のワークシートを確認する

[スプレッドシート インポートウィザード]が表示された	取り込み元のデータがどのワークシートにあるのかを指定する	ここでは [Sheet1] シートからデータを取り込む

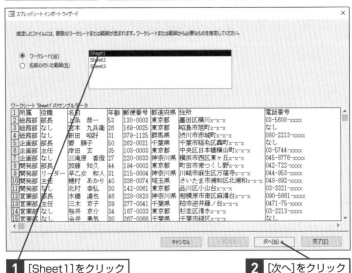

1 [Sheet1]をクリック

2 [次へ]をクリック

5 先頭行をフィールド名に指定する

ここでは、Excelにあるデータの先頭行をフィールド名として取り込む

1 [先頭行をフィールド名として使う]をクリックしてチェックマークを付ける

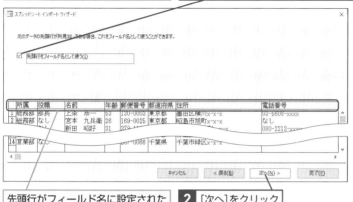

先頭行がフィールド名に設定された

2 [次へ]をクリック

6 [フィールドのオプション] を指定する

各フィールドにデータ型やインデックスを設定する画面が表示された

ここでは設定を変更せずに操作を進める

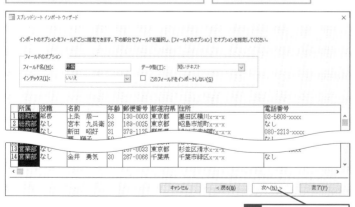

1 [次へ]をクリック

次のページに続く

7 主キーを設定するフィールドを選択する

新しいテーブルの中で主キーを付けるフィールドを設定する	ここでは主キーを自動的に設定する	**1** [主キーを自動的に設定する]をクリック

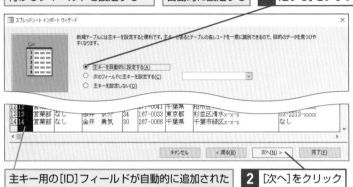

主キー用の[ID]フィールドが自動的に追加された　　**2** [次へ]をクリック

8 インポート先のテーブルに名前を付ける

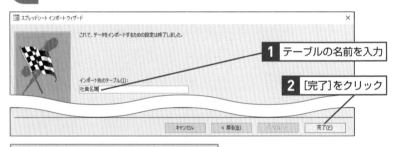

1 テーブルの名前を入力

2 [完了]をクリック

インポート作業が完了するまでしばらく待つ

9 インポートが完了した

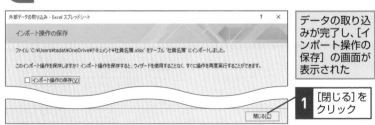

データの取り込みが完了し、[インポート操作の保存]の画面が表示された

1 [閉じる]をクリック

10 テーブルを開いて取り込んだデータを確認する

Excelのデータが正しく取り込まれたことを
確認するため、テーブルを開く

1 取り込んだテーブルを
ダブルクリック

テーブルが
表示された

2 Excelで入力したデータが正しく
表示されていることを確認

ID	所属	役職	名前	年齢	郵便番号	都道府県	住所
1	総務部	部長	上条 恭一	53	130-0003	東京都	墨田区横
2	総務部	なし	宮本 九兵衛	26	169-0025	東京都	昭島市旭
3	総務部	なし	新田 昭好	31	379-1125	群馬県	渋川市赤
4	企画部	部長	要 順子	50	263-0021	千葉県	千葉市稲
5	企画部	主任	岸田 玄	35	103-0003	東京都	中央区日
6	企画部	なし	三滝原 香澄	27	220-0033	神奈川県	横浜市西
7	開発部	部長	加藤 知久	44	194-0002	東京都	町田市南
8	開発部	リーダー	早乙女 和人	31	215-0004	神奈川県	川崎市麻
9	開発部	主任	穂村 あかり	40	336-0074	埼玉県	さいたま
10	開発部	なし	北村 幸弘	30	142-0061	東京都	品川区小
11	営業部	部長	水橋 達也	46	228-0828	神奈川県	相模原市
12	営業部	主任	三木 京子	39	277-0041	千葉県	柏市逆井
13	営業部	なし	桜井 京介	34	167-0033	東京都	杉並区清
14	営業部	なし	金井 勇気	30	267-0066	千葉県	千葉市緑
*	(新規)						

手順7で[主キーを自動的に設定する]を選んだため、
自動的に通し番号が付けられている

♀ Hint!

いろいろなソフトウェアのデータを取り込める

Accessは、Excelだけではなくさまざまなソフトウェアのデータを取り込めます。

●Accessで取り込み可能なファイル
・Accessのデータベース
・OracleやSQL Serverの データ ベース
・dBASE5のデータベース
・dBASE Ⅲのデータベース
・dBASE Ⅳのデータベース
・MySQLやPostgreSQLなどサーバー上のデータベース

・Outlookの住所録
・Paradoxのデータベース
・SharePointリスト
・HTMLファイル
・XMLファイル
・テキストファイル（カンマやタブで区切られたもの、または固定長のファイル）けたになります。

付録3

Accessのデータを
Excelに取り込むには

Accessのデータを、Excelに取り込むことができます。ここでは「エクスポート」という作業を行い、クエリの結果をExcelのワークシートに取り込みます。

---

1 [エクスポート] ダイアログボックスを表示する

取り込みたいオブジェクトのデータ ベースファイルを開いておく	ここではAccessで作成した クエリをExcelに取り込む

1 [月別顧客別合計金額 クエリ]をクリック	2 [外部データ] タブを クリック

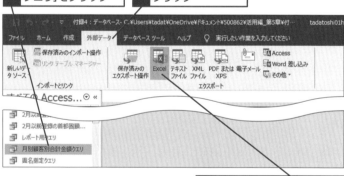

3 [Excelスプレッドシートに
エクスポート]をクリック

☼ Hint!

その他の形式でエクスポートできる

Accessのデータベースは、テキストファイルやWord形式、XML形式のファイルなど、Excel以外のファイル形式でエクスポートできます。そのほかの形式でエクスポートするには、[外部データ] タブをクリックして [エクスポート] グループにあるボタンを選びます。

2 エクスポートするファイルを確認する

[エクスポート - Excelスプレッドシート]
ダイアログボックスが表示された

ファイル名にはオブジェクト名が
自動的に入力される

保存先とファイル名を
確認する

ここでは [ドキュメント] フォルダーに
[月別顧客別合計金額クエリ.xlsx] とい
うブックが保存される

1 [OK] を
クリック

⚠ 間違った場合は?

手順2でExcelのファイル名が違うときは、
手順1で選択したオブジェクトが間違ってい
ます。もう一度、手順1から操作をやり直し
ましょう。

次のページに続く

付録

3 エクスポートが完了した

ファイルのエクスポートが完了し、[エクスポート操作の保存]の画面が表示された

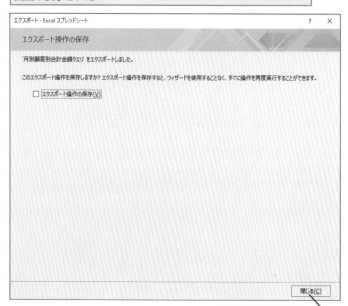

エクスポート - Excel スプレッドシート	? ×

エクスポート操作の保存

'月別顧客別合計金額クエリ' をエクスポートしました。

このエクスポート操作を保存しますか? エクスポート操作を保存すると、ウィザードを使用することなく、すぐに操作を再度実行することができます。

☐ エクスポート操作の保存(V)

閉じる(C)

1 [閉じる]をクリック

♡ Hint!

書式やレイアウトをExcelに取り込むには

Accessで設定した書式やレイアウトもExcelに取り込めます。手順3の[エクスポート - Excelスプレッドシート]ダイアログボックスで、[書式設定とレイアウトを保持したままデータをエクスポートする]をクリックしてチェックマークを付けましょう。取り込んだExcelのワークシートで書式やレイアウトを設定する手間が減ります。

1 ここをクリックしてチェックマークを付ける

4 データを確認する

Excelのワークシートに[月別顧客別合計金額クエリ]の
結果が表示された

シート名はAccessの
オブジェクト名になっ
ている

索引

索
引

索引

できるサポートのご案内

無料サービス!

本書の記載内容について、無料で質問を受け付けております。受付方法は、電話、FAX、ホームページ、封書の4つです。なお、A.～D.はサポートの範囲外となります。あらかじめご了承ください。

受付時に確認させていただく内容

① **書籍名・ページ**
　『**できるポケット Access**
　基本&活用マスターブック
　2019/2016/2013 & Microsoft 365対応』
② **書籍サポート番号→501110**
　※本書の裏表紙（カバー）に記載されています。
③ **お客さまのお名前**

④ **お客さまの電話番号**
⑤ **質問内容**
⑥ **ご利用のパソコンメーカー、**
　機種名、使用OS
⑦ **ご住所**
⑧ **FAX番号**
⑨ **メールアドレス**

サポート範囲外のケース

A. 書籍の内容以外のご質問（書籍に記載されていない手順や操作については回答できない場合があります）
B. 対象外書籍のご質問（裏表紙に書籍サポート番号がないできるシリーズ書籍は、サポートの範囲外です）
C. ハードウェアやソフトウェアの不具合に関するご質問（お客さまがお使いのパソコンやソフトウェア自体の不具合に関しては、適切な回答ができない場合があります）
D. インターネットやメール接続に関するご質問（パソコンをインターネットに接続するための機器設定やメールの設定に関しては、ご利用のプロバイダーや接続事業者にお問い合わせください）

問い合わせ方法

電話 （受付時間：月曜日～金曜日 ※土日祝休み 午前10時～午後6時まで）

0570-000-078

電話では、上記①～⑤の情報をお伺いします。なお、通話料はお客さま負担となります。対応品質向上のため、通話を録音させていただくことをご了承ください。一部の携帯電話やIP電話からはご利用いただけません。

FAX （受付時間：24時間）

0570-000-079

A4サイズの用紙に上記①～⑧までの情報を記入して送信してください。質問の内容によっては、折り返しオペレーターからご連絡をする場合もあります。

インターネットサポート （受付時間：24時間）

https://book.impress.co.jp/support/dekiru/

上記のURLにアクセスし、専用のフォームに質問事項をご記入ください。

封書

〒101-0051
東京都千代田区神田神保町一丁目105番地
　株式会社インプレス
　できるサポート質問受付係

封書の場合、上記①～⑦までの情報を記載してください。なお、封書の場合は郵便事情により、回答に数日かかる場合もあります。

■著者

広野忠敏（ひろの　ただとし）

1962年新潟市生まれ。パソコンやプログラミング、インターネットなど幅広い知識を活かした記事を多数執筆。走ることが趣味になってしまい、年に数回程度フルマラソンの大会にも出場する「走るフリーランスライター」。主な著書は「できるパソコンで楽しむマインクラフト プログラミング入門 Microsoft MakeCodefor Minecraft対応」、「できるホームページ・ビルダー 22 SP対応」、「できるWindows 10 パーフェクトブック困った！＆便利ワザ大全 2021年改訂6版」（以上インプレス）など。また、「こどもとIT プログラミングとSTEM教育」（Impress Watch）などのWeb媒体にも記事を執筆している。

STAFF

カバーデザイン	伊藤忠インタラクティブ株式会社
本文フォーマット	株式会社ドリームデザイン
カバーモデル写真	PIXTA
本文イメージイラスト	廣島　潤
本文イラスト	松原ふみこ・福地祐子
DTP 制作	町田有美・田中麻衣子
編集制作	トップスタジオ
デザイン制作室	今津幸弘 <imazu@impress.co.jp>
	鈴木　薫 <suzu-kao@impress.co.jp>
制作担当デスク	柏倉真理子 <kasiwa-m@impress.co.jp>
デスク	荻上　徹 <ogiue@impress.co.jp>
編集長	藤原泰之 <fujiwara@impress.co.jp>

本書は、できるサポート対応書籍です。本書の内容に関するご質問は、254ページに記載しております「できるサポートのご案内」をお読みのうえ、お問い合わせください。なお、本書発行後に仕様が変更されたハードウェア、ソフトウェア、インターネット上のサービスの内容などに関するご質問にはお答えできない場合があります。該当書籍の奥付に記載されている初版発行日から3年が経過した場合、もしくは該当書籍で紹介している製品やサービスについて提供会社によるサポートが終了した場合は、ご質問にお答えしかねる場合があります。また、以下のご質問にはお答えできませんのでご了承ください。
・書籍に掲載している手順以外のご質問
・ハードウェアやソフトウェアの不具合に関するご質問
・インターネット上のサービス内容に関するご質問
本書の利用によって生じる直接的または間接的被害について、著者ならびに弊社では一切の責任を負いかねます。あらかじめご了承ください。

■落丁・乱丁本などの問い合わせ先
TEL 03-6837-5016 FAX 03-6837-5023
service@impress.co.jp
受付時間 10:00 ～ 12:00 ／ 13:00 ～ 17:30
　　　　 (土日・祝祭日を除く)
●古書店で購入されたものについてはお取り替えできません。

■書店／販売店の窓口
株式会社インプレス 受注センター
TEL 048-449-8040 FAX 048-449-8041

株式会社インプレス 出版営業部
TEL 03-6837-4635

できるポケット

Access 基本&活用マスターブック 2019/2016/2013 & Microsoft 365対応

2021年4月1日　初版発行

著　者　広野忠敏&できるシリーズ編集部

発行人　小川 亨

編集人　高橋隆志

発行所　株式会社インプレス
　　　　〒101-0051　東京都千代田区神田神保町一丁目105番地
　　　　ホームページ　https://book.impress.co.jp/

印刷所　図書印刷株式会社
ISBN978-4-295-01110-1 C3055

Printed in Japan